U0266882

中国科普大奖图书典藏书系

时间储蓄卡

刘兴诗◎著

长江出版传媒 | 湖北科学技术出版社

图书在版编目(CIP)数据

时间储蓄卡 / 刘兴诗著. —武汉:湖北科学技术出版社,
2012.12(2018.6 重印)

(中国科普大奖图书典藏书系/叶永烈　刘嘉麒主编)

ISBN 978-7-5352-5396-5

Ⅰ.①时… Ⅱ.①刘… Ⅲ.①时间—普及读物
Ⅳ.①P19-49

中国版本图书馆 CIP 数据核字(2012)第 307690 号

时间储蓄卡
SHIJIAN CHUXU KA

责任编辑:彭永东　　　　　　　　　　　　封面设计:戴　旻

出版发行:湖北科学技术出版社　　　　　电话:027-87679468
地　　址:武汉市雄楚大街 268 号　　　　邮编:430070
(湖北出版文化城 B 座 13-14 层)
网　　址:http://www.hbstp.com.cn

印　　刷:武汉中科兴业印务有限公司　　　　　邮编:430071

700×1000　　1/16　　　11.25 印张　　2 插页　　　140 千字
2012 年 1 月第 1 版　　　　　　　　2018 年 6 月第 5 次印刷
定价:20.00 元

总　序
ZONGXU

　　我热烈祝贺"中国科普大奖图书典藏书系"的出版！"空谈误国，实干兴邦。"习近平同志在参观《复兴之路》展览时讲得多么深刻！本书系的出版，正是科普工作实干的具体体现。

　　科普工作是一项功在当代、利在千秋的重要事业。1953年，毛泽东同志视察中国科学院紫金山天文台时说："我们要多向群众介绍科学知识。"1988年，邓小平同志提出"科学技术是第一生产力"，而科学技术研究和科学技术普及是科学技术发展的双翼。1995年，江泽民同志提出在全国实施科教兴国的战略，而科普工作是科教兴国战略的一个重要组成部分。2003年，胡锦涛同志提出的科学发展观则既是科普工作的指导方针，又是科普工作的重要宣传内容；不是科学的发展，实质上就谈不上真正的可持续发展。

　　科普创作肩负着传播知识、激发兴趣、启迪智慧的重要责任。"科学求真，人文求善"，同时求美，优秀的科普作品不仅能带给人们真、善、美的阅读体验，还能引人深思，激发人们的求知欲、好奇心与创造力，从而提高个人乃至全民的科学文化素质。国民素质是第一国力。教育的宗旨，科普的目的，就是为了提高国民素质。只有全民的综合素质提高了，中国才有可能屹立于世界民族之林，才有可能实现习近平同志最近提出的中华民族的伟大复兴这个中国梦！

　　新中国成立以来，我国的科普事业经历了1949—1965年的创立与发展阶段；1966—1976年的中断与恢复阶段；1977—

1990 年的恢复与发展阶段；1990—1999 年的繁荣与进步阶段；2000 年至今的创新发展阶段。60 多年过去了，我国的科技水平已达到"可上九天揽月，可下五洋捉鳖"的地步，而伴随着我国社会主义事业日新月异的发展，我国的科普工作也早已是一派蒸蒸日上、欣欣向荣的景象，结出了累累硕果。同时，展望明天，科普工作如同科技工作，任务更加伟大、艰巨，前景更加辉煌、喜人。

"中国科普大奖图书典藏书系"正是在这 60 多年间，我国高水平原创科普作品的一次集中展示，书系中一部部不同时期、不同作者、不同题材、不同风格的优秀科普作品生动地反映出新中国成立以来中国科普创作走过的光辉历程。为了保证书系的高品位和高质量，编委会制定了严格的选编标准和原则：一、获得图书大奖的科普作品、科学文艺作品（包括科幻小说、科学小品、科学童话、科学诗歌、科学传记等）；二、曾经产生很大影响、入选中小学教材的科普作家的作品；三、弘扬科学精神、普及科学知识、传播科学方法，时代精神与人文精神俱佳的优秀科普作品；四、每个作家只选编一部代表作。

在长长的书名和作者名单中，我看到了许多耳熟能详的名字，备感亲切。作者中有许多我国科技界、文化界、教育界的老前辈，其中有些已经过世；也有许多一直为科普事业辛勤耕耘的我的同事或同行；更有许多近年来在科普作品创作中取得突出成绩的后起之秀。在此，向他们致以崇高的敬意！

科普事业需要传承，需要发展，更需要开拓、创新！当今世界的科学技术在飞速发展、日新月异，人们的生活习惯和工作节奏也随着科学技术的进步在迅速变化。新的形势要求科普创作跟上时代的脚步，不断更新、创新。这就需要有更多的有志之士加入到科普创作的队伍中来，只有新的科普创作者不断涌现，新的优秀科普作品层出不穷，我国的科普事业才能继往开来，不断焕发出新的生命力，不断为推动科技发展、为提高国民素质做出更好、更多、更新的贡献。

"中国科普大奖图书典藏书系"承载着新中国成立60多年来科普创作的历史——历史是辉煌的,今天是美好的! 未来是更加辉煌、更加美好的。我深信,我国社会各界有志之士一定会共同努力,把我国的科普事业推向新的高度,为全面建成小康社会和实现中华民族的伟大复兴做出我们应有的贡献!"会当凌绝顶,一览众山小"!

中国科学院院士
华中科技大学教授　　杨叔子
二0一二
九.廿八

巨人恰恰传奇

彗星带来的怪事 ·· 1

大嘴巴怪物 ·· 5

城里来了隐身人 ·· 8

安装大脑袋 ·· 11

巴巴哇星来的巴巴娃

时间储蓄卡

喂，大海——一个水手讲的故事

水手阿波的话 ·· 48

海岛"养殖场" ··· 49

火焰岛传来的警报 ·· 56

借岛记 ·· 66

航道上的磷光 ·· 77

海上浮筏 ……………………………………… 82

美洲来的哥伦布

泥炭沼里的独木舟 ………………………… 93

我怎样变成了"说谎"的孩子 ……………… 103

神秘的印第安古都 ………………………… 106

我有了一个新主意 ………………………… 114

孤舟横渡大西洋 …………………………… 122

新"诺亚方舟"

北方的云

美梦公司的礼物

一、我借了一个梦 ………………………… 163

二、金字塔下的双峰骆驼 ………………… 165

三、梦授学校 ……………………………… 168

巨人恰恰传奇

彗星带来的怪事

瓦瓦彗星一眨眼就飞过去了,全世界吁了一口大气。

天文学家原来预报,这颗从宇宙深处飞来的彗星会贴着地皮飞过,见什么,撞什么,把地表的大山、小山和房子统统铲光,连电线杆也不留一根,使地球成为光溜溜的大石球。

听了这个预报,所有的人都吓得钻进了地下室、防空洞和一切可以钻进去的裂缝。亮亮和妹妹也不例外,一大早就慌里慌张在花园里挖了一个大洞,带着小狗,像老鼠一样钻进去躲起来,两手紧紧捂住脑袋,等待那天崩地裂的一刹那到来。

他们听见一个尖利的啸声,呼的一下掠过去了,往后就再也没有听见别的声音。

"咱们头顶上的房子已经没有了吧?"妹妹哭丧着脸,声音发抖地问。

"谁知道呢!"亮亮说,"没准儿房子对面那座小山也没有了。"

兄妹俩拿不定主意,是不是该出去看一下,小狗却"汪汪"地叫着跑了出去。

"难道咱们还没有小狗勇敢吗?"亮亮说,牵着妹妹的手,也小心翼翼地跟着走出去。

兄妹俩拭一下眼睛一看,咦,房子还是好好的,似乎什么事情也没有发生。

"嘻嘻,天文学家计算错了。"亮亮咧开嘴巴笑着说,"瞧,世界还是原来的老样子,所有的东西都不多不少,和瓦瓦彗星飞来以前没有任何差别。"

妹妹长长地舒了一口气,也笑了。

噢,这两个粗心的孩子都错了。似乎为了要纠正他们,小狗朝着对面小山的方向"汪汪"地叫了几声。亮亮和妹妹转过身子一看,不由得倒抽了一口冷气。

只见小山顶上站着一个青色皮肤的巨人,张开嘴巴大声喊道:"热啊!热啊!"

亮亮大着胆子,抬头问他:"你是谁?从哪儿来的?"

"我是瓦瓦彗星带来的巨人恰恰。这个地方为什么这样热?我实在受不了啦!"巨人回答说。

"这里还热吗?"亮亮说,"要是你落到非洲,更会受不了。"

"唔,眼前这个火炭团儿就要我的命。"巨人恰恰手指着头顶的太阳说,"在我的家乡,到处都是凉飕飕的,哪有这种东西。"

弄了半天,亮亮和妹妹才明白,原来巨人恰恰住在宇宙的边缘没有热气,只有一丁点儿亮光的地方。他稀里糊涂跳上一个过路的彗星,就被带到这儿来了。

瞧他热得满头大汗的样子,兄妹俩不禁有些怜悯他了,对他说:"别急,我们会帮助你的。"

亮亮跑回家,搬了一台电扇,妹妹端了一杯冰镇可口可乐,想给他消除一些热气,想不到抬头一看,又吃了一惊。

只见金灿灿的太阳光照在巨人恰恰的身上,冒出一缕缕丝丝袅袅的水蒸气。他的影子越变越淡,个儿越变越小,一眨眼工夫就消失得一干二净,仿佛在热空气里化掉了似的。

咦，这是怎么一回事？兄妹俩惊奇得张大了嘴巴，怀疑自己刚才是不是看花了眼睛。

"我们瞧见一个巨人，还和我们谈话，不是做梦吧！"妹妹说。

"没错呀！"亮亮说，"他告诉我们他是瓦瓦彗星带来的，名字叫恰恰。"

巨人恰恰到哪儿去了？

他是太空里来的魔术师？

他会隐身法？

他是一个大肥皂泡，"噗"的一声就爆裂了吗？

小兄妹俩谁也猜不透巨人恰恰失踪的原因。小狗却竖起耳朵、翘着鼻子，忙忙碌碌跑来跑去，对着头顶的空气东嗅嗅，西闻闻，汪汪地叫个不停，好像巨人恰恰真的披着隐身衣，藏在空气里似的。

小兄妹俩侧着耳朵听，风呜呜地吹。

那风声里，好像夹藏着什么东西似的。

"呜……噢……呜……噢……"

呜呜响的是风声。

那"噢噢"的，是什么声音呢？

妹妹记起来了，动画片里有一个大胖子从摩天大楼上跌下去，就拖长声音，发出这种"噢……噢……"的惨叫声。巨人恰恰莫非也落得这个下场了吗？

"你别瞎胡猜！"亮亮教训她说，"咱们不在动画故事里，怎么会有这种事。"

妹妹很不服气，她明明白白听见风里有一个奇怪的声音，绝不是神经过敏。女孩子心比男孩子细，耳朵也特别灵，她绝对没有听错。

是的，她没有弄错。

一股股"呜……噢，呜……噢……"的怪声，随着太阳光下面丝丝袅袅向四周散开的水蒸气，飘向四面八方。有的飘得很高很高，爬上柳树梢也摸不着；有的很低很低，小狗跳起来就能够着。

小狗似乎真的在风里发现了什么,撇开小兄妹俩,跟着一股贴地皮吹的旋风,汪汪地叫着,不停地蹦起来朝空中乱咬,仿佛那儿真有一个看不见的妖怪。

那股"呜……噢……呜……噢……"打着旋儿的风真奇怪,笔直朝着房子飞去,从窗缝里一下子就钻到屋里。

小兄妹俩觉得很奇怪,连忙跟着跑进屋。朝周围一看,什么东西都放在原来的位置,一丁点儿也没有变化。

"噢,小狗弄错了。"亮亮失望地叹了一口气,觉得跟着一股风和一只小狗跑,上了一个大当。

男孩真的没有女孩细心。妹妹扭转身子仔细一看,禁不住失声喊了起来。

"啊!冰箱不见了。"

亮亮一看,可不是么,原来放在屋角的一个大冰箱,不知怎么忽然不见了。

"有贼!"他喊道。

"该不会被那股钻进屋里的风刮走了吧?"妹妹的脑瓜里忽然冒出一个奇怪的想法。

哈哈!风怎么能把好大一个冰箱刮得无影无踪?亮亮笑疼了肚皮。

妹妹却不觉得好笑。她凭着女孩子特有的敏感,觉得冰箱失踪和钻进屋里的那股怪风总有一点儿神秘的关系。小狗似乎也赞成她的想法,嗅了一下放冰箱的屋角,又嗅了一下屋里的空气,汪汪叫着朝后面的厨房跑去。

两个孩子跑到厨房一看,后门大开着,偷冰箱的贼必定是从这儿溜出去了。

"捉贼呀!"

两个孩子跟着小狗大喊大叫追了出去。跑不多远,果真看见了失踪的冰箱。

仔细一看,他们又吃了一惊。

只见冰箱像一个大胖子似的,摇摇晃晃在前面跑,却看不见半个人影。

"我没有说错吧,准是那股风偷了冰箱。"妹妹边跑边说。

"风怎么能吹走冰箱?准是一个隐身人干的坏事。"亮亮说。

不管是风,还是隐身人,反正冰箱越跑越快、越跑越远了。小兄妹俩用尽全力,也追不上前面那个体形笨重的冰箱,眼睁睁看着它在鼻子面前溜掉了。

这真是一个奇怪的早晨:瓦瓦彗星,化成蒸汽的巨人恰恰,被偷跑的冰箱,一件件怪事搅混在一起,把小兄妹俩的脑袋搞得稀里糊涂了。

大嘴巴怪物

冰箱被偷跑了,巨人恰恰化成蒸汽不见了,该怎么办?

妹妹说:"报告警察吧!丢了什么东西,警察叔叔都能找到。"

可是,他们跑到十字路口,报告一个警察,警察搔了一下脑袋,却不知道该怎么办才好。

"冰箱怎么会自己溜掉?光天化日下,哪来的什么巨人?我正忙着呢!你们快回到妈妈身边去,别给我讲童话故事啦。"警察一面手忙脚乱地指挥交通,一面嘟嘟囔囔地回答说。

可是过了一会儿,他就不这样说了。警察局接到全城许多地方的报告,到处都丢了冰箱、空调和别的制冷设备。警察局长命令全城警察紧急行动,注意捉拿盗窃嫌疑犯。

"这是一个重大盗窃案,盗窃集团至少有七八个人,和你们说的巨人没有关系。"警察接了局长的电话,对小兄妹俩说。

唉,说什么警察也不相信巨人的故事。小兄妹俩只好叹一口气,让警察去找冰箱,他们自己去追踪失踪的巨人恰恰。

"咱们到哪儿去找巨人恰恰呀?"妹妹问亮亮。

"跟着小狗走吧！"亮亮说，"小狗的鼻子灵，一定能够找到他。"

主意就这样打定了。小兄妹俩放开小狗，跟着它往前走。小狗翘起鼻子东闻闻、西嗅嗅，引着他们拐来拐去，来到一个旧冷藏仓库面前，忽然激动地汪汪叫了起来。

"巨人恰恰必定躲在里面。"亮亮对妹妹说。

小兄妹俩跟着小狗钻进仓库，放开嗓门大声喊叫："喂，恰恰，快出来。我们来帮助你啦。"

他们没有找到巨人恰恰，却意外地发现了一个冰箱，门大开着，横躺在仓库门口。

"这不是我们丢的冰箱吗，谁把它扔在这里了？"妹妹问。

"嘻嘻，这是我干的呀！"她的话还没有说完，旁边就有一个声音回答说。

两个孩子抬头看，不由吓得往后倒退了一步。只见空中有一个大嘴巴，翻开厚厚的嘴唇，正在哇里哇啦地和他们说话，没有脑袋，也没有身子，更甭提鼻子、眼睛了，真可怕呀！

亮亮勇敢地护着躲在身后的妹妹,问那个大嘴巴:"你是谁? 是偷冰箱的隐身大盗吗?"

"不,我是你们的朋友,从瓦瓦彗星来的巨人恰恰呀!"那个大嘴巴飞快地翻动着厚嘴唇回答说。

小狗蹦来蹦去地狂叫着,大嘴巴咿里哇啦地解释着,把两个孩子的脑袋越搞越糊涂了。

妹妹从亮亮背后伸出脑袋问:"你说自己不是偷冰箱的隐身大盗,有证明吗?"

亮亮也怀疑地问:"你说你是巨人恰恰,怎么会变成这个样子?"

"唉,给你们两个毛孩子说不清楚。你们看不见我的身子,难道听不出我的声音吗?"空中的大嘴巴焦急地分辩说。

亮亮侧着耳朵一听,大嘴巴说话的声音真的非常熟悉。他正仔细回想这是谁的声音,背后忽然闹嚷嚷地过来一大群警察,手里握着枪,跟着一只警犬,飞快地冲进了仓库。

"啊哈! 找到一个冰箱啦。"为首的一个瘦警官瞧见冰箱高兴地说。可是他指挥部下搜索了整个仓库,没有找到盗窃嫌疑犯,却看见亮亮和妹妹在这儿,就皱起眉头了。

"喂,你们在这儿干什么?"他惊奇地问小兄妹俩。

"找巨人恰恰呀!"亮亮满不在乎地回答说。

"我们在执行公务,别说童话故事。快告诉我,你们瞧见可疑的人了吗?"瘦警官紧紧追问。

"没有可疑的人,只有一个大嘴巴。"妹妹告诉他。

"这个大嘴巴坏蛋躲在哪儿? 他的嘴巴有多大?"瘦警官问。

妹妹伸开双手,向他比划那个神秘的嘴巴有多大。亮亮转身向警察们指点,空中的大嘴巴在什么地方。但他抬头一看,不由得惊呆了,那个大嘴巴早就不知在什么时候溜走了。

"啊,他已经跑了。我们赶快分头去找吧!"亮亮牵着妹妹的手,急着想去追赶趁乱溜掉的大嘴巴。瘦警官伸手挡住了他们的去路。

"不成！没有找到偷冰箱的贼，你们哪儿也别去。"瘦警官板起面孔，声音严厉地命令说。

真糟糕，他不相信大嘴巴的神话，竟把亮亮和妹妹当成嫌疑犯了。

亮亮气得翘起嘴巴，妹妹委屈得掉下了眼泪。但这一点也不管用，警察只重视证据，从来也不相信男孩子翘嘴巴和女孩子流眼泪。

一场误会很快就过去了。两个孩子正和警察们吵闹得难解难分，仓库另一头堆放的杂物里忽然传来一个声音。

"别难为孩子，冰箱是我带来的。"那个声音喊叫道。

警察们还没有转过神来，警犬就和孩子们的小狗一起，高声狂吠着，扑向声音传来的角落。

瘦警官抬头一看，惊奇得合不拢嘴巴。只见空中忽然露出一个奇大无比的血红的嘴巴，两片厚嘴唇飞速翻动着，还伸出一根大舌头，在空气里翻搅了几下，一切都和孩子们说的情况一模一样。他在警界工作多年，什么稀奇古怪的事情都见过，这个场面却是第一次瞧见。他不由自主拔出手枪，朝天"砰"的放了一枪，大声喊道："投降吧！隐身大盗，你已经被包围了。"

他再也不怀疑孩子们的话了，开始相信这真的是一个神通广大的隐身大盗。但是他要和部下按照常规办法抓住眼前这个神秘的大嘴巴，还真不容易呢！

城里来了隐身人

警察要抓偷冰箱的"大嘴巴"，却对它没有一丁点儿办法，只好把旧仓库团团围住，等待上级想办法。

消息传出去，全城一下子炸了锅。只消看报纸的号外消息大标题，就明白是怎么一回事了。

瞧，号外上用大号黑体字这样印着：

"冰箱盗案有下文，案犯竟是大嘴巴"

"隐身大盗进城，小心关好门窗"

"原子时代结束了，现在开始童话时代"

"……"

消息满天飞，越传越离奇。有人吓得脸色发白，整天把门窗堵得紧紧的，不敢出门透气，害怕被那个大嘴巴隐身人抓住，一口吞下肚去；有人心里好奇，纷纷跑到报社和警察局打听消息，想弄清楚一切详细情况：是不是科学真的比不过童话的力量，报纸号外上谈的童话时代真的开始了吗？

不知谁传出小道消息，偷冰箱的隐身大盗，真是从童话书里溜出来的，最喜欢和童话人物交朋友。平时很少有大人光顾的儿童书店，一下子挤破了门槛。白胡子老头儿，宽肩膀大汉，抹红嘴唇、穿高跟鞋的时髦姑娘，都争先恐后挤到柜台前面，想买一本童话书，寻找大嘴巴隐身大盗的来历。

脑袋灵的小贩们，赶快运来许多童话假面具。商店里也加夜班缝出许多童话服装，挂在橱窗里招徕顾客。人们为了和隐身人交朋友，都换上了最流行的童话服装，有的化装成孙悟空、猪八戒，有的化装成唐老鸭、米老鼠，围着大嘴巴隐身人躲藏的旧仓库大呼大叫，像是举办一个狂欢节。

孩子们可高兴啦！现在他们再也不用动脑筋去做算术题，也不用咬着笔杆写作文，在人群里蹦来蹦去，兴高采烈地喊道：

"欢迎！欢迎！热烈欢迎隐身人光临！"

"太棒啦！赶快取消语文、数学，大家都上童话课！"

所有的人里，只有警察绷住脸，没有一丝儿笑容。他们是保护法律尊严的卫士，谁偷了东西、犯了法，就抓谁，才不管什么胡说八道的童话故事呢！

"投降吧！隐身强盗。坦白从宽，抗拒从严，顽抗到底，死路一条！"带队的瘦警官手握电喇叭，一次又一次对着躲在仓库里的大嘴巴隐身人喊话。

大嘴巴回话了。它瓮声瓮气地回答说："你们弄错了。我不是强盗，也不是从童话书里钻出来的,我是瓦瓦彗星带来的巨人恰恰。你们应该帮助我找回丢掉的身子才对,怎么这样对待客人?"

瘦警官不管这一套,喊道:"像你这样狡猾的小偷,我见得太多了!别想用花言巧语骗人。你偷冰箱赖不了,谁能证明你是从瓦瓦彗星来的?不管怎么说,也不能成为你偷东西的理由。"

他说得有道理啊,法律只讲证据,不讲幻想。自古捉贼捉赃,现在明摆着一件赃物,大嘴巴隐身人说破嘴皮,警察也不相信,反而把仓库围得更紧,不让它瞅住一个空子溜出去。

亮亮和妹妹着急了。只有他们知道是怎么一回事,相信大嘴巴没有说假话。

"他就是咱们的朋友巨人恰恰,我听出了他说话的声音。"亮亮说。

"为什么他只剩下一个大嘴巴?为什么他要偷冰箱呢?"妹妹有些不明白,问道。

"你问我,我也不明白。"亮亮说,"世界上不明白的事多极了。现在我们要做的,是帮助他逃出来,别让警察抓住。"

说得对!这才是眼前的头等大事。可是警察重重包围,怎么才能帮助可怜的大嘴巴呢?

"现在我数一、二、三,再不出来投降,我们就要行动啦!"瘦警官不耐烦了,对躲在仓库里的大嘴巴隐身人大声吼道。

"一!"他拖长声音,喊了第一声。

仓库里沉默无声。

多亏大嘴巴没有作声。

亮亮灵机一动,突然想起一个好主意。

"有办法啦!"他高兴地喊道。

"什么好办法?"妹妹问他。

他没有时间多解释,拉住妹妹的手,使劲从看热闹的人丛里挤出去。

"二!"瘦警官拖长声音,喊了第二声,等待仓库里的大嘴巴回答。

仓库里依旧寂静无声。

人群激动了，大声喊叫："出来吧！隐身人。出来吧！隐身人。"

妹妹气喘吁吁地跟着亮亮跑，问他："你快说呀！到底有什么救大嘴巴的主意？"

"听，大家在叫隐身人，就是这个主意呀！"亮亮说。

瘦警官歇了一会儿，正要大声喊"三"，亮亮手指着路边一个化装的人，大声喊叫起来："大家快看呀！大嘴巴隐身人溜到这儿来啦。"

瘦警官愣了，回头一看，那儿果真有一个一模一样的大嘴巴。他猛地一拍脑瓜说："嗨，我真傻。不管包围多紧，隐身人也会从我们的鼻子下面溜出去啊。"于是他就带领手下的警察，朝这边冲来，一把抓住那个大嘴巴，得意地喊道："哈哈，现在你可逃不了啦！"接着给他戴上了手铐。

"冤枉啊！"那个大嘴巴叫了起来，掀开假面具，露出自己的面孔，原来是一个化装的秃脑瓜胖子。他正兴冲冲地赶时髦，化装成这个新式童话人物呢！

瘦警官再带着警察，返身冲进仓库，哪里还有另一个大嘴巴的踪影？仓库里挤满了狂欢的化装人群。谁也没有注意，亮亮和妹妹，牵着一个化装的毛茸茸的大狗熊，从另一道门溜了出去。

安装大脑袋

亮亮、妹妹和大嘴巴溜出了城。小兄妹俩问大嘴巴："你真的是巨人恰恰吗？"

"这还会有假么？"大嘴巴说。

"你的脑袋和身子到哪儿去了？为什么只剩下一张嘴巴？"妹妹问。

"我还在找它们呢！谁知道它们溜到哪儿去了。"大嘴巴没好气地说。

瞧着这个嘴巴的两张厚嘴唇飞快地翻动，小兄妹俩非常好奇。亮亮问他："为什么你的脑袋和身子可以随便分开？分开的时候疼吗？"

大嘴巴哈哈笑了，反问他："为什么在你们的星球上，所有人的脑袋和身体都不会分家？多不方便！"

"这有什么不方便的？"亮亮说，"我们走到哪儿，就把脑袋带到哪儿，没有什么不好呀！"

"嘻嘻，这和植物的根、茎、叶死死连在一起有什么差别？"大嘴巴说，"动物和植物最大的不同就是'动'，身体的每个部分，想怎么动，就怎么动。"

"哈哈，除了脑袋，身子的其他部分还会'想'吗？我们很想知道，现在我们的小脚趾正在'想'什么，你能告诉我们吗？"小兄妹俩也笑了，不相信大嘴巴说的话。

大嘴巴神气活现地对他们说："看来你们这个星球还很落后呀！还没有彻底脱离植物阶段，进入真正的动物阶段。像你们这种连头带脚死死不分家的样子，沙漠里一些随风连根一起往前滚的植物也能做到。这样的'动'，离真正的动物还差得很远呢！"

大嘴巴像连珠炮似的，一口气提出一连串问题，亮亮和妹妹听也没有听说过。

眼睛想去看电影，两只脚想踢足球，嘴巴要去赴宴会，耳朵要听音乐，身子却懒洋洋的，躺在床上不想动一下，怎么办？

让它们各干各的事，彻底分家吧！想什么时候回来再组装在一起，就什么时候回来。

这才叫做真正的动物！从不自由不自在的低级阶段，进入了自由自在的高级阶段。

妹妹听得入迷了，问大嘴巴："如果飞回来的身体零件组装错了，装在另一个身体上面怎么办呀？"

"这有什么不好办！"大嘴巴说，"装错了，就装错了呗！这就是为什么有的人有三只眼睛、两个嘴巴，另一些人没有眼睛、也没有嘴巴的原因。品种更加复杂，生活更加丰富多彩了，有什么不好！"

说来说去,越说越玄妙。小兄妹俩问大嘴巴:"现在我们该怎么办?"

"陪我一起去找我身子的其他部分吧!"大嘴巴说,"其中有的,是我向别人借来的,必须原封原样带回去还给人家。"

话说得够多了,事不宜迟,赶快去找他失落的身体其他部分。

天地这样大,怎么去找一只孤零零的鼻子,一根和手掌分家的小手指头?

亮亮像是一个大侦探,挠了一下脑袋说:"咱们必须抓住侦察的线索。"

线索是什么? 就是接二连三的冰箱丢失案。

大嘴巴怕热,偷了一个冰箱,巨人恰恰身体的别的部分肯定也一样。只消找到一个又一个丢失的冰箱,就可以找齐丢失的身体零件,重新拼成巨人恰恰了。

他们想明白了,就立刻行动起来。

找呀找,在路边找到一个被抛弃的冰箱,里面藏着两只大眼睛,骨碌碌乱转,好像在说:"这个地方真热呀! 多亏我们躲在冰箱里,才稍微好过些。"

大嘴巴和大眼睛见面,非常高兴。小兄妹俩带着他们一起走,去找别的身体零件。

走了不远,又找到一个冰箱,里面藏着两只大耳朵。

再往前走,找到了眉毛、鼻子和下巴。走不多远,脑袋瓜也找到了。小兄妹俩一起动手,像玩积木似的,把鼻子、眼睛、耳朵和嘴巴都嵌在脑袋上,一个完整的巨人头颅就安装好了。

多了一只耳朵、一个眼睛怎么办?

有办法,把它们装在后脑勺上。可以眼看四面、耳听八方,比平常人好得多。

巨人恰恰的脑袋很满意。原来他多余的一只眼睛装在额头上,多余的耳朵装在鼻子旁边。现在这种安装更实用,眨了眨眼睛,笑嘻嘻地连声感谢聪明的亮亮和妹妹。

"如果你们到我们的星球上,准会成为大发明家。"他张开大嘴巴称赞说。

"你觉得还有什么不舒服吗?"亮亮问他。

"太热了！这样的天气简直没法忍受。"巨人恰恰的脑袋说。

警察牵着狼狗，正在四面八方寻找这些失落的冰箱，找到一个，就送回原处。把巨人恰恰再塞进冰箱，显然行不通，必须赶快想一个好办法才行。

灵机一动，计上心来。亮亮想出了一个主意。

给他戴一顶遮太阳的大草帽，帽檐上堆满冰块。溶化了的冰水不住往下滴滚，就可以消除暑气啦！

但他们带着一个会吸鼻子、会扇耳朵、会眨眼睛、会张开嘴巴哇啦哇啦大声嚷的巨人脑袋到处走，很招人注意，不太好呀！

也有办法。

亮亮和妹妹一起动手，做了一个大稻草人，穿上衣服，安装上这个大脑袋。这样，就不会叫人起疑心了。

苦只苦了亮亮和妹妹。这个安装在稻草人身上的巨人脑袋没有脚，不能迈开腿儿走路，只好委屈小兄妹俩，扶着他慢慢往前走了。

亮亮和妹妹安装好了巨人恰恰的脑袋，相信他说的话都是真的，心想自己生活在地球上，好比是井底之蛙，现在才大大开了眼界。

"唉，如果我也能像他一样，身子分成八大块，到世界各处去游玩，多好呀！"妹妹叹了一口气说。

"我想和爱因斯坦换一个脑袋，做科学家。和马拉多纳换两只脚，做超级大球星。那才带劲儿呢！"亮亮也叹气说。

"别胡思乱想！"巨人恰恰的脑袋安慰他们说，"你们还在木头木脑的植物人阶段，虽然没法和我们比，总比那些完全不能动的树木和野草好得多了。人贵知足嘛，别想永远也做不到的事情。"

小兄妹俩从幻想回到现实里，记起了现在该做什么事情：帮助巨人恰恰，接着找他失散的身体其余部分。

说来也巧，走不多远就瞧见一堆人，围着一个冰箱团团转。他们拦着路，想扛起冰箱，冰箱里却伸出两只大手，和他们争斗，不肯老老实实被扛着往回走。

"啊哈,冰箱中了邪,变成了一个妖怪。"有人喊道。

"光天化日之下,哪有什么妖怪?里面藏着一个贼,不敢伸出脑袋来。"另外一个人喊道。

"别让他溜掉!"

"抓住他,送到派出所去。"

众人七嘴八舌地喧嚷着,一个个激动得涨红了面孔。有的要捉妖怪,有的要抓贼,拦住那个冰箱,不让它溜掉。可是他们谁也打不过从冰箱里伸出来的两只大手,被推来搡去,有的跌得鼻青脸肿,有的啃了一嘴泥。

"这是我的手。"巨人恰恰的脑袋见了,高兴地喊道。

亮亮和妹妹正要陪着他冲进去解围,远处忽然传来一阵"呜呜"的警笛声,一眨眼就从大路拐角处冲出来几辆警车,一群全副武装的警察,跳下车就往闹事的地方跑来。为首一个跑得气喘吁吁的,正是包围仓库抓大嘴巴的瘦警长。

眼看瘦警长一马当先分开人群,快要扑到冰箱前面了,巨人恰恰的脑袋动作更快,撮起大嘴巴吹了一声口哨,大声喊道:"哇哇,呜里哇啦哇呀呀!"说也奇怪,那两只大手听见口哨和喊声,一眨眼就飞了过来,和大脑袋的稻草身子拼在一起。

手臂飞得太快了,只见两道白光一闪,众人还没有弄明白是怎么一回事,就一下子不见了。

瘦警长冲进人群,问大家:"你们在这儿闹嚷嚷的,出了什么事?"

"这个冰箱里伸出两只手,把我们打伤了。"

"它想跑,里面准躲着一个坏家伙。"

众人七嘴八舌向他解释。

瘦警长抽出警棍,对着躺在地上一动不动的冰箱大声喝道:"谁躲在里面,赶快老老实实出来!"

接连问了几声,冰箱里没有一丁点儿回应。他走上一步,拉开冰箱门一看,咦,这可奇怪了,里面空空如也,没有妖怪,也没有贼。

这是怎么一回事？

有人眼快，瞧见对面站着两个孩子和一个身体高大的怪人，挥舞着两只胳臂，很像刚才冰箱里伸出的两只大手。

瘦警长走过去盘问，大脑袋说："手长在我的身上，谁能证明不是我的，是那个冰箱的呢？"

他说得有道理，瘦警长没有话好说，只好放开他，转身又去处理"冰箱打人"的无头公案了。

亮亮和妹妹陪着巨人恰恰的脑袋和两只手再往前走，忽然又瞧见一个十分笨重的冰箱，生了两只脚，在前面飞跑，后面也跟着一群好奇的人，拔开腿拼命追赶。

不消说，这是巨人恰恰的脚。大脑袋又吹了一声口哨，亮亮、妹妹和他一起大声喊："哇哇，呜里哇啦哇呀呀！"现在他们明白了，这就是"喂，我的腿快回来"的意思。外星话里，手和脚是同样发音，所以招呼的话根本就不用改。

那个冰箱立刻就倒在原地不动了。好奇的人追到跟前，盯住它里里外外查看了一遍，不禁大失所望，怀疑自己是不是看花了眼，这个古怪的冰箱，是不是真的长出了两条腿？

现在，巨人恰恰有脑袋，也有手脚了，比先前好得多了。亮亮和妹妹帮助他到处寻找，终于又在两个冰箱里，找到他失散的胸膛和肚皮，便扔掉稻草身子，把他重新安装成一个完整的巨人。

巨人恰恰感谢了亮亮和妹妹，想回家了。

没有火箭，也没有飞碟，怎么回家呀！

巨人恰恰说："等到瓦瓦彗星再飞回来时，就有办法了。"

瓦瓦彗星什么时候再回来？

亮亮打电话问天文台。天文台的科学家回答说，还要等十一年三个月零八天。

"喔，这样久我可受不了。你们这儿太热啦，还是躲进冰箱吧！"巨人恰恰说。

"又要化整为零,躲进好几个冰箱吗?"妹妹问他。

"不,这一次我要整个儿钻进冰箱里,有空随时出来玩一会儿。我要好好看一下你们的星球,写一本《热星游记》,带回我的母星。这才不枉冒着火热的天气,到这里来了一趟。"巨人恰恰说。

巨人恰恰不愿意拆散自己的身体零件,可上哪儿找一个能装下他的大冰箱呢?

亮亮和妹妹求冷藏仓库管理员。他摇了摇头说:"不成啊!冷藏仓库里装的都是食物,钻一个外星巨人进去,污染了怎么办?"

小兄妹俩又求冰箱工厂:"能造一个装得下巨人的冰箱吗?"

厂长搔着脑袋说:"这样大的冰箱,我们还没有造过。再等二十年,就能造出来了。"

等二十年,那怎么行!

亮亮一眨眼睛,想出一个好办法:北极、南极和喜马拉雅山,都是天然大冰箱,巨人恰恰住在那些地方,就不会热得化成蒸汽了。

巨人恰恰选择了喜马拉雅山。

"这是你们这个星球最高的地方。我坐在山顶上用望远镜看,就能看清你们这颗热星上的许多地方了。"巨人恰恰高兴地说。

巨人恰恰搬到喜马拉雅山上去了,冬天下雪的时候,时常下山到处去玩。喂,你在雪地上见过他吗?

巴巴哇星来的巴巴娃

亮亮住在摩天大楼顶上。这是城市的"最高峰",和星星谈心最好的地方。

天上的星星真多啊,一闪一闪地眨着眼睛,像是许多狡猾的小精灵。

"没准儿,它们都是外星孩子吧?"亮亮想,"只有外星孩子才这样顽皮,住在高高的天上。"

亮亮很羡慕天上的外星孩子。要是他也变成其中一个,才好呢!

"喂,飞下来和我玩一会儿吧!"他放大嗓门,朝眨眼睛的星星呼喊。风把他的声音传得高高的,那些看不见的外星孩子一定都听见了。

"放心吧,你会如愿以偿的。"

忽然,他听见一个奇怪的声音。

亮亮抬起头,没有发现说话的是谁,却瞧见天空中亮光一闪,一颗钻石样的流星飞下来,直飞进窗口,落在他背后的地板上。亮亮转过身子一看,不由惊奇得瞪大了眼睛。

只见屋子中央站着一个陌生的孩子。

"你是谁?"亮亮问。

"我是你呀!"那个孩子笑嘻嘻地回答说。

亮亮用手拭了一下眼睛,仔细一看,可不是么!眼前这个孩子和他一模一样,不仅个儿一般高,相貌相同,翘起的鼻尖上有几颗同样的雀斑,而且穿着的衣服也一样,胸口上也沾着一大块没有洗干净的番茄汁的渍印呢!

019

"噢,我看见了我自己。"亮亮惊奇地喊道。

他用力咬了一下手指,疼得要命。这不是做梦,眼前一切都是真的。

"你是我在镜子里的影子吗?"他问那个孩子。

"嘻嘻,你弄错了。"那个孩子说,"请你照一下镜子,就全都明白啦!"

亮亮连忙跑到镜子面前一看,差点儿噎住了气。

镜子里哪有他的容貌,映出的是另一个绿眼珠、满头火红色乱发的不相识的孩子。他龇出牙齿,镜子里的怪孩子也龇出白森森的牙齿。他扯一下耳朵,那个怪孩子也扯一下猴子样的尖尖的耳朵。

没有错,镜子里这个怪孩子就是他。

本来的他呢?变成了身边的另一个孩子。

"这是怎么一回事?"亮亮给弄糊涂了,问那个孩子,"到底我是谁,你又是谁?"

"嘻嘻,这还不明白么?"那个孩子说,"现在咱俩掉换了一下,你变成了我,我变成了你呀!"

原来如此!亮亮气得发疯了,对他嚷道:"你是谁?谁叫你变成我的?"

"嘻嘻,别生气!"那个孩子笑吟吟地说,"这是你自己的愿望呀!"

亮亮一拍脑瓜,这才想起,他想变成一个外星孩子,和真正的外星孩子交朋友。

"我知道啦!你肯定是从天上落下来的外星孩子,刚才我朝天上呼喊过。"亮亮说道。

"你猜对了,我是从巴巴哇星来的巴巴娃。让我们交朋友吧!"外星孩子巴巴娃带着微笑向他伸出手。

"认识你,很高兴!"亮亮紧紧握住他的手,心情很激动,却又吞吞吐吐地说:"现在请你把我变回原来的样子吧!要不,妈妈回来,会不认识我了。"

"嘻嘻,没关系。让我们掉一个个儿,尝一下别的星球的孩子的滋味,会更加有趣。"巴巴娃说。

这是一个好主意。可是亮亮还有些不放心,问他:"以后还变回来吗?"

"当然要变回来呀!"巴巴娃说,"要不,我的妈妈也会不认识我了。"

"你能起誓吗?"亮亮问他。

"骗你是小石头。"巴巴娃说,"我只扮演三天你的角色,就变回原来的样子。我有一瓶变形药水,只消在身上一洒就得啦。"

两个孩子兴冲冲地勾了手指头,事情就这样说定了。

他们刚商量好,房门打开了,妈妈就回家了,瞧见站在窗口边的亮亮,感到很惊奇。

"你是谁?为什么长着红头发、绿眼睛?"妈妈问。

亮亮还来不及回答,巴巴娃就抢着答道:"他是外星孩子巴巴娃,从天上来的。"

"真是这样吗?"妈妈问亮亮,她吃惊得几乎合不拢嘴巴。

"是的。"亮亮咽了一口唾沫,挺困难地回答道。

"欢迎你,外星小客人!亮亮整天都在想你们呢!"妈妈兴奋了,连忙系上围裙,问他:"你喜欢吃什么,我做给你吃。"

"煎荷包蛋,油爆龙虾,炒洋葱。"亮亮一口气报了好几道菜。

妈妈听了很惊奇,对他说:"噢,想不到你和我的儿子口味一样。天上也有这些菜谱吗?"

妈妈不再多问了,连忙动手把菜做出来。端到两个孩子的面前。亮亮很高兴,埋头吃得很香。巴巴娃却面对着菜碗,不肯动筷子。

妈妈感到很奇怪,问他:"这都是你喜欢吃的,为什么不吃呀?"

巴巴娃皱着眉头说:"我的肚皮很特别,吃了鸡蛋,会孵出小鸡,龙虾会活起来,洋葱也会发芽。"

妈妈惊奇地扬起了眉毛,问他:"这是从哪儿冒出来的怪念头?你到底要吃什么呀?"

"请给我一块石头,蘸着盐吃就得啦。"巴巴娃平静地回答说。他不等妈妈回答,就自己动手,把泡在金鱼缸里的钟乳石掰下一块,塞进嘴里咯吱咯吱咬着,吞下肚皮了。

"唉,亮亮,你一定病了。"妈妈伤心地叹了一口气,立刻拿起电话,拨通了医院的急诊室。

不一会儿,救护车呜呜开来了,不由巴巴娃分说,医生和妈妈一起动手,把他塞进汽车,带到医院里。

医生说:"这个孩子的毛病很特别,必须做一次全身检查,先照一下 X 光吧!"

从外星来的巴巴娃,怎么经得住 X 光检查。医生定睛一看,不由惊奇得喊出了声。

"真奇怪啊!他的内脏和我们的不一样。肚皮里好像藏着一个热烘箱,吃下去的石头已经烤化,不见踪影了。"医生大声喊道。

接着一连串检查,巴巴娃完全露出了原形;亮亮也接受了检查,反倒没有事,医生郑重宣布,这个孩子与众不同,还不如那个红头发的外星孩子,根本就不是人类。建议暂时把他看管起来,免得引起事故。

可怜的巴巴娃绝望了,趁人们不注意,连忙朝亮亮挤了一下眼睛。亮亮心领神会,悄悄挨靠过去。巴巴娃从裤兜里掏出变形药水,在自己和亮亮身上一洒,立刻各自变回了原来的样子。

现在,亮亮是真正的亮亮了,大声嚷道:"谁说我不是人类？请你们再查一遍吧！"

妈妈也坚持要再做一次检查。因为亮亮是她的孩子,如果不是人类,她也说不清啦！

医生没有办法,只好再做一次检查。这一次,医生又惊奇得说不出半句话了。

亮亮肚皮里的五脏六腑一切如常,哪有什么可以烤化石头的"热烘箱"！

"你自己才生病呢！"亮亮和巴巴娃齐声嘲笑他道,"要不,就是 X 光机器出了毛病,该好好修理一下啦！"

医生再也没有话好说,只好签字承认亮亮是活泼健康的孩子;自己老眼昏花,应该好好休养一下了。

亮亮和巴巴娃舒了一口长气,连忙又悄悄变成对方的模样,手牵手跑出了医院。

"瞧,外星孩子！"大街上的人们瞧见亮亮的样子,一窝蜂拥上来,争先恐后向他问东问西,请他签名留念。

"请问,你从哪里来？"

"你喜欢地球吗？"

"你了解地球吗？"

"你……"

一连串问题,像连珠炮似的提了出来。亮亮胸有成竹,一一解答,使人们大开眼界。

"我是巴巴哇星的巴巴娃。请你们架起望远镜仔细寻找,银河边有一颗亮晶晶的星星,那就是我的故乡。"

亮亮接着描述巴巴哇星的情况。那里的海水是绿的,树是红的,所以人们都是绿眼睛、红头发。他还信口开河,说那儿有会唱歌的恐龙,喜欢跳舞的大乌龟,三只腿的鸵鸟,老虎身子狮子头的怪兽;天上有九个太阳、八个月亮,整日整夜都是亮堂堂的。人们听了,啧啧称奇,笑坏了巴巴娃的肚皮。

接着,他又显示自己的地球知识,不仅准确无误地说出了珠穆朗玛峰有多高、太平洋有多大,还大讲特讲马拉多纳踢球的本领多么高妙,还曾经用"上帝之手"从世界杯足球赛的球场上,把英格兰队打发回了老家。

最后,他当众背诵了一首李白的短诗:"床前明月光,疑是地上霜。举头望明月,低头思故乡。"周围的人群轰动了。一个外星孩子,居然能够背诵唐诗,多么不可思议!

然而,当人们转过身子问陪伴"外星孩子"亮亮的巴巴娃住在什么地方,以便大家常常登门拜访时,巴巴娃的回答却使他们瞪大了眼睛,不知该说什么才好。

巴巴娃的回答是:"银河中心第二象限,第十七个太阳轨道外的 2 光秒处……"

亮亮出名了,巴巴娃也出名了。人们对他们的评论是:"一个熟悉地球的外星孩子;一个不熟悉自己星球的地球孩子。"

不消说,冒牌外星孩子亮亮在人们的心目中得了满分,倒霉的假地球孩子巴巴娃不及格。不过,他却并不在意。这样可以不引起人们注意,岂不更好吗?他需要的是平平静静地观察这个星球,过上几天平凡的地球人的生活。就让亮亮代替他,去过"外星孩子"的瘾吧!

他对亮亮说:"咱们分手,自由自在去玩吧!三天后再见面,变回自己的样子。"

"好呀!"亮亮兴冲冲地答应了。和一个真正的外星孩子交换身份,比演电影更带劲儿。

亮亮神气活现地走进学校,同学们都高兴得了不得,像迎接贵宾似的,把他接进教室,请他讲外星故事。

"不!"亮亮走到自己的座位上,一本正经对大家说:"我知道,亮亮的作业还没有做完。做完了作业,再干别的事吧!"

"啊,聪明的外星孩子还知道亮亮呢!"同学们更加惊奇了,"可怜的亮亮一夜之间变成了傻瓜,丢下的作业让外星孩子帮他做,真奇怪呀!"

亮亮不理睬他们的议论,仔细做完了作业,才站起身来对大家说:"我只给你们讲一个外星故事。我还忙呢,要好好看一下你们的星球,回去才能给巴巴哇星人讲地球故事。"

他看过许多科学幻想小说,信口编一个外星故事并不困难,张开嘴就给同学们讲了一个离奇古怪的外星故事,把想象中的巴巴哇星说得神乎其神。同学们听得发呆了,悄悄交头接耳说:"咦,想不到科学幻想小说里描写的情景都是真的。写小说的作家,必定和外星人有热线联系。"

亮亮讲完故事想走,谁知热情冲动的同学们却不放过他。最喜欢刨根问底的黄晓波迫不及待地站起来,提问道:"喂,外星小朋友,教我们说句外星话吧!"

"好啊!"教室里的同学们都起哄喊叫起来,"外星话比英语有趣得多,我们都想学。"

亮亮不懂外星话,不过这没有关系,世界上谁也不会。只要巴巴娃不在这儿捅娄子,他随便怎么说,也不会有人识出真假。

"巴巴娃。"他拍着胸口说了第一句。

黄晓波嚷道:"我懂啦!巴巴娃就是胸口加肚皮的意思。"

"不对!"亮亮纠正他说,"巴巴娃是我的名字。胸口是膨膨齐,肚皮叫杜埃瓦。"

他的话刚说完,教室里的同学们就都拍着胸口和肚皮"膨膨齐"、"杜埃瓦"地念起来了。

"你好是哇里哇,再见是呜哇哇。"

"吧、比、普、利、呀、拉、西,就是一、二、三、四、五、六、七。"

亮亮敞开了嘴,信口开河一口气教了同学们一大串"外星话"。

末了,他在同学们的热烈要求下,还摇晃着长满红头发的脑袋,唱了一支外星歌：

　　"呜里哇啦呜里哇，

　　哇啦，哇啦，呜里呀……"

　　临时胡诌出来的调子不好听，谁也不懂的句子却很押韵。同学们学会了，都"呜里哇啦呜里哇"地唱了起来，一个个唱得如痴如醉，比过年还高兴。

　　亮亮这才瞅准一个空子，从人堆里钻了出来。临走的时候，向大家挥了挥手，大声喊道："阿哇，阿哇！"

　　"阿哇是什么意思？"勤学好问的黄晓波掏出小本子，恭恭敬敬地问他。

　　"阿哇就是再见的意思。"亮亮大大咧咧地解释说。

　　"不对啊！"黄晓波拉住他的衣服不放说，"你刚才说，再见是呜哇哇，怎么变成阿哇了呢？"

　　亮亮心里有些慌了，好不容易才稳住神，笨拙地转动着舌头说："这是……随时间变化的结果。巴巴哇星的话很特别，每个词隔一分钟就会发生变化。刚才，再见是呜哇哇，现在就变成了阿哇了。"

　　听他这么一说，大家都懵了，七嘴八舌地叫嚷起来："每分钟变一次，怎么记得住呀！我们学了老半天，全都白费工夫了。"

　　黄晓波问亮亮："请你再教一遍，一、二、三、四、五、六、七，现在变成什么样子了？"

　　天哪！亮亮一拍脑瓜，自己也记不住了，只好结结巴巴报数道："吧、波、普、喊、呀、呜、西。"

　　黄晓波翻开笔记本查对了一下，疑惑地问道："你说，每个词隔一分钟变一个样，为什么一、三、五、七没有变呢？"

　　亮亮脑瓜一转，连忙解释说："在巴巴哇星，也不是每个词都要变。单数不变，双数变。所以，一、三、五、七就不变了。"

　　黄晓波没有听清楚，请他重说一遍，亮亮却说什么也记不住刚才念的一大串数字了。他急了，挣脱黄晓波的手道："阿波，你为啥老是打破砂锅问到底？这个老毛病不改，会把别人弄得多难受！"

天哪！这个红头发、绿眼睛，长着猴子一样尖耳朵的外星孩子，居然知道"阿波"的名字，还知道他有爱提问的"老毛病"。难道所有的外星人都有特异功能？

"你们说对啦！"亮亮说，"你们每个人的名字都写在额头上，我看得清清楚楚的。"

同学们不相信，请他都说出来。亮亮得意了，他对谁不认识呀！不一会儿，就把李刚、王强、陈小红的名字，一个个呼唤出来，使大家惊奇得合不拢嘴巴。

末了，从人堆里钻出来个小女孩，是听着这边热闹，从别处来的，笑眯眯地问道："喂，你知道我是谁吗？"

亮亮再也招架不住了。当外星孩子并不好受，硬憋着撒谎更不是滋味，连忙红着面孔说一声："对不起，我的特异功能用完了，该回去再充一下电才行。"

他慌里慌张溜出去，对大家说一声："哇呜！"

真糟糕，他把"再见"又记错了，还没到一分钟呢。

巴巴娃和亮亮分手，兴冲冲地钻进了人丛。

三天，多么宝贵的时间啊！他要好好利用这三天，在地球上尽情玩一阵子。过了三天，恢复了原形，妈妈就会飞下来，把他接回天外的故乡了。

站在十字街头，巴巴娃定睛一看，第一个印象是这儿来来往往的汽车太多，像汹涌的波涛一样从四面的街口驰来。戴白手套的警察忙得满头大汗，手舞足蹈忙个不停，也没法把它们疏通干净。

"让我帮助你一下吧！"巴巴娃对自己说。他记得妈妈的吩咐，到地球要多做好事。瞧这些铁甲虫似的汽车，呜呜地冲闯过来，只靠那个可怜的警察，永远也没法解开这儿的"车疙瘩"。他是一个有教养的外星孩子，不能瞧着别人有困难不管呀！

他打定主意，快步穿过飞驰的车流，直往被这些钢铁怪物困在街心的警察身边跑去。

"小心！孩子,别在街上乱跑。"警察瞧见他,大声招呼道。

"放心吧！我来帮助你。"巴巴娃喊道。他根本就不理会周围的汽车狂怒的喇叭声响,像跳房子似的,在奔驰的车流缝隙里轻巧地跳来跳去,一眨眼工夫,就跳到了警察的面前。

"你到这儿来干什么?"警察一把揪住他的衣领,把他拖上指挥台,责问他。

"给你解围呀！"巴巴娃笑嘻嘻地说。

警察觉得这个孩子很奇怪,还没有转过神来,巴巴娃就从衣兜里掏出一支短笛子,依依呀呀地吹了起来。

怪事发生了。

当他朝着挤成一团的汽车吹的时候,所有的汽车都像喝醉了酒似的轻轻摇晃起来,不再往前乱冲乱闯。

接着,他不慌不忙跳下指挥台,吹着笛子慢慢往前走,汽车都乖乖地排成队,跟着他朝一个方向走去。

这是怎么一回事?

警察懵了,着急地喊道:"你把它们带到哪儿去? 有的汽车根本就不是到那边去的呀！"

他说对了。大街上的汽车都像着了魔,不由自主地转过方向,跟着吹笛子的巴巴娃往前慢慢开。面包车、小轿车、公共汽车、洒水车、货箱卡车、大吊车全都排成一列长队,左右摇晃着,跳起了奇特的汽车舞。尖细的、低沉的喇叭呜呜地响个不停,奏起了一支曲子,开汽车的男女司机们都合着节拍唱了起来:

> 三二一,一二三,
> 汽车跳舞真好玩。
> 别说咱们误了事,
> 跳了再办也不晚。

公共汽车和电车上的乘客也跟着一起唱,像是都发了狂。

警察急了,挥舞着双手大声喊道:"别唱啦!统统开回来。"

可是……这是怎么搞的?

警察听见欢乐轻快的笛声,也忘记了自己的职责,扔掉手中的指挥棒,加入了汽车舞蹈的行列。

"依呀,依呀,依依呀……"

巴巴娃越吹越起劲,没有回头看一眼。诱人的笛声竟把大街两边的行人都招引过来了。

啊,商店里的售货员放下手里的工作,餐厅里的厨师放下汤勺,理发师牵着满头肥皂泡沫的顾客,听见音乐都跑出来,跟着跳呀、扭呀,放声歌唱,像是在过热闹的狂欢节。

啊!当这一大群欢天喜地的人们经过动物园时,迷人的音乐竟把一大群动物也引出来了。几只顽皮的猴子打开兽笼,放出狮子、老虎,加上大象、斑马、长颈鹿和许多别的动物,组成了另一个狂欢方队。

两脚不停跳舞的人们瞧见凶猛的动物,心里有些发憷。但是,这没有一点关系,动物在笛声引导下,都正忙着跳来跳去,一个个如痴如醉,根本就没有工夫注意身边的事情。

啊,许多手推车、桌子、椅子,凡是有轮子有腿的东西全都冲撞出来了,加入了这个长长的狂欢队伍。如果两边的房屋有腿儿,肯定也会加入进来。

巴巴娃想给"被困"的警察帮忙,解开他身边的"车疙瘩",却不料帮了一个倒忙,把整个城市的秩序弄得一团糟。

麻烦的是,这个好心眼儿的外星孩子,只顾稀里糊涂地往前走,丝毫也没有觉察身后发生的事情。

"我该把这些讨厌的铁甲虫带到沙漠里去,那就可以给可怜的警察解围了。"他自鸣得意地想。

他这样想是有理由的,因为他生长在和平宁静的巴巴哇星,人们都含着微笑,张开双臂像蝴蝶一样轻飘飘地飞来飞去,根本就不需要任何交通

029

工具。他从来也没有见识过这些闹嚷嚷的"铁甲虫"，认为它们都是给街心的警察找麻烦的。

"依呀，依呀，依依呀……"

笛声在城市的上空飘扬着，狂欢的队伍越拖越长，终于跟着这个奇怪的外星孩子，走出城门，走进了广阔的田野。两边是绿油油的庄稼，远处的小山上长满了森林，哪儿有沙漠的影子。

"不能把讨厌的铁甲虫扔在这里，破坏这幅美丽的风景画，该往前面走才好。"巴巴娃心里想，继续吹着笛子往前走。

有人认出了他。

噢，不，是错认了他。

那是一个到农村来呼吸新鲜空气的女教师，一眼看见了他。

"喂，亮亮！"她挥舞着双手喊道，"你在干什么蠢事？把整个城市都带出来了。"

女教师还想再说什么，却一下子什么也说不出来。因为她也被神奇的音乐迷住了，忍不住迈开了快速的舞步。

看来，谁也纠正不了巴巴娃的错误了。

可是，终于有人唤住了他。

这是长着火红头发、绿眼睛、尖耳朵的真正的亮亮。他记不住自己胡诌的外星语单字，担心在同学们的面前露馅，就悄悄溜出了城，想不到在这里遇见了巴巴娃和他带领的狂欢队伍。

"喂，巴巴娃，回头看一眼吧！"他喊道。

巴巴娃吹得正高兴，这才放下笛子回头看。不看不知道，一看吓一跳，想不到后面除了一大串拼命按响喇叭的"铁甲虫"，还有数不清的人和动物、桌子、椅子。

他一下子傻眼了，不知该怎么办才好。

"傻瓜，快扔掉那该死的笛子吧！"亮亮冲着他大声喊道。

"这是从巴巴哇星带来的魔笛，专门为引导不守秩序的人用的，怎么能随便扔掉呢？"巴巴娃结结巴巴地解释说。

"你怎么这样糊涂？"亮亮提醒他说，"瞧，现在你就扰乱了社会秩序呀！"

巴巴娃再看一眼背后的狂欢队伍。那些装满人的"铁甲虫"蹦跳得快散了架，跳舞的人群跳疼了腿，野兽们也气喘吁吁吃不消了，许多不牢实的椅子只剩下了三条腿。可是他们还在不由自主地跳呀，蹦呀……

粗心的巴巴娃懊恼地拍打一下脑瓜，他全都明白了。

还疼惜那根笛子有什么用？赶快把它扔掉吧！

可是，被他弄乱的秩序还没有彻底恢复。

所有的人和动物都摊开手脚，躺在地上直喘气，没有足够的担架，是没法把他们都抬回城去的。

现在，巴巴娃和亮亮一起，他心里有把握，再也不会闹出乱子了。

亮亮嘱咐他："你对地球的情况不熟悉，跟着我老老实实往前走，别再闯祸了。"

巴巴娃答应了。他记得妈妈的话，到地球旅行，要入境随俗，做一个有教养的乖孩子，千万不要到处捣乱，给别人添麻烦。他本来就是一个乖孩子，更加应该循规蹈矩呀！

两个孩子手牵手，边走边看。亮亮给巴巴娃介绍情况，巴巴娃就掏出小本子记下来。这样，回到老家，他才好讲给巴巴哇星的乡亲们听。

可是，他们往前走了不远，就再也不能这样了。整个安排，一下子又乱了套。

说来道理很简单，谁让他们换了面孔和角色呀！

人们一眼就认出来了。

他们手指着两个孩子嚷道："瞧，那个红头发、绿眼睛的外星孩子，和亮亮在一起。"大伙边嚷边追，紧紧跟在后面不放。

亮亮急了，连忙拉着巴巴娃就跑，好不容易才逃脱了追赶。

巴巴娃埋怨亮亮说："都怪你那副嘴脸，招惹了麻烦。"

亮亮不服气地说："这是谁的面孔呀？谁叫你和我交换？"

"算了吧，别再争啦！"巴巴娃叹了一口气说，"把我借给你的脸遮住，咱们赶快离开这个城市吧！"

他在路边顺手拾了一个口袋，套住亮亮的脑袋，搀扶着他，跳上一列火车，飞快地离开了这个城市。

列车员阿姨瞧见亮亮的脑袋上套着一个口袋，感到很奇怪，问道："这是怎么一回事？他病了吗？"

"是啊，"巴巴娃连忙答道，"他的眼睛坏了坏了的，要赶快送去修理。"

噢，从外星来的巴巴娃，掌握的地球词汇不多，使周围的人都感到莫名其妙。

"修理坏了的眼睛，这是什么意思？"周围的旅客纷纷议论。

"他莫非是机器人吗？"列车员阿姨起了疑心，"机器人不能占座位，应该放到行李架上，要不就办托运。"

说着她就动手，要把亮亮扛到行李架上去。

"不成啊，他的眼睛坏了，但是机器人的不是。他害了眼神经糊里麻糊病。"巴巴娃急了，连忙跳起来阻拦她，顺口说出一个巴巴哇星的常见病。

亮亮也急了，赶快隔着口袋申明道："我的伙伴说得不错，我真的害了这个病呀！"

列车员阿姨住了手，关心地对两个孩子说："有病要赶快医，稀里糊涂、马马虎虎可不行啊！"她向孩子们道了歉，转身走了。

周围的旅客也关心地安慰他们。一个旅客好奇地问巴巴娃："嘿，你是日本孩子吗？听你满口说的都像日本人说的中国话。"

"嘻嘻，你说错啦！你的语法也不通。"巴巴娃嘲笑他说，"什么日本不日本？本日我是皮球的孩子。再过三天，就变回巴巴哇的孩子了。"

亮亮见他说漏了嘴，还把地球说成是皮球，连忙捅他一下，解释说："我的伙伴喜欢开玩笑。他说的是今天踢皮球，再过几天就'拜拜'所有的球场上的娃娃了。"

他们正东拉西扯向周围的旅客解释,广播里突然响起了列车员阿姨的声音:"旅客们请注意,5 号车厢一位日本小朋友患了不能见光的怪病,眼睛马上就要坏了。谁是医生,赶快来瞧一下。"

不一会儿,巴巴娃抬头一看,瞧见那个列车员阿姨带了列车长、乘警和一个秃顶老医生,推开车门赶过来了。如果让他们掀开口袋,瞧一下亮亮这时候的面孔,那还了得!

巴巴娃坐不住了,连忙拉着亮亮就跑。两个孩子磕磕绊绊的,直往列车的另一头跑去。

这是怎么一回事? 人们都愣住了。

"别跑呀! 我们不会害你们。"后面的列车长、列车员、乘警和秃脑袋老医生一齐喊叫道。

在飞奔的列车上,他们能够逃到哪儿去呢? 末了,终于在列车的尽头被追上了。

"你们为什么要跑?"列车长问他们。

巴巴娃气喘吁吁地张大嘴巴,一句话也说不出来了。

亮亮悄悄埋怨他:"都是你不小心,把事情弄得这样糟糕。"

但是,现在互相埋怨已经没有用了。列车长拉住他的手,秃脑袋医生走上前来,就要动手揭开口袋,看他坏了的眼睛。

亮亮急中生智,连忙嘴里发出一串让人听不懂的声音。

"咔嚓、咔嚓,哟哟、嘘嘘……"

列车长和秃脑袋医生吃一惊,连忙松开手,惊奇地望着他。

列车长问他:"你说的是什么意思?"

"机器坏了、坏了,咔嚓、咔嚓,哟哟、嘘嘘……"亮亮隔着口袋,嘴里还在不停地嘟囔着。

"这个孩子中了邪啦!"秃脑袋医生叹了一口气说。

"不,我是机器人。"亮亮申辩道。

"你真是机器人么? 为什么要逃跑呢?"列车长问他。

"我不愿意躺在行李架上。我的主人，这个日本孩子，担心我会摔坏，要把我放在身边呀。"亮亮信口解释说。

说着，他就挥开手臂和两条腿，像真正的机器人一样，迈开僵硬的步子走了起来。

列车长瞧见这样，转过身子对巴巴娃说："你从日本来，不明白这里的规矩，机器人必须放在行李架上，请你补一张行李票吧。"

巴巴娃也没有别的话可说了，只好补了行李票，眼睁睁地看着列车长带领乘警和列车员阿姨，七手八脚把亮亮塞到挤满包裹的行李架上。

车厢里平静了。故事却还没有完。

一会儿，到了一个车站，一个老奶奶起身取架上的行李，不小心揭开了套在亮亮头上的口袋。

"啊呀！不好，这儿藏着一个妖怪。"

老奶奶大吃一惊，立刻吓得晕倒过去。当众人手忙脚乱把她扶起，待她慢悠悠睁开眼睛时，身边的两个孩子早已不见踪影了。

巴巴娃瞧见街上的情景，觉得非常稀奇。

"为什么这儿的人，像蚂蚁一样在街上走？为什么房子像木头一样，动也不动一下？"他不解地问。

"人不在街上走，在哪儿走？房子没有脚，当然不能动呀！"亮亮解释说。

"不！"巴巴娃的脑袋摇得像拨浪鼓一样，大声说，"所有的星球上，人都会飞，房子都会动。只有你们这个星球不一样，实在太遗憾啦。"

"你骗人！人没有翅膀，怎么会飞？"亮亮不服气地说。

"张开手，就能飞呀！这有什么稀奇。"巴巴娃说。

说着，他就平伸出两只手臂，把脚后跟一抬，立刻就像一只鸟儿一样，轻轻巧巧飞上了天，在亮亮的头顶上低低兜了一个圈子。

"来吧！跟我一起飞上天，看你们的城市。"他在天上大声喊道。

亮亮羡慕得要命，回答说："我不会飞，怎么上天呀！"

"这好办极了,跟我学吧。"

巴巴娃从天上跳下来,站在前面教他。亮亮举起手臂,抬起脚跟他学,叭的一下跌了个嘴啃泥。

巴巴娃拍了一下脑袋,抱歉地说:"唉,我忘了。你们地球人,受地心引力的影响,当然不会飞呀。"

说着,他就朝亮亮轻轻吹了一口气。说也奇怪,亮亮再伸开手臂,身子一下子就轻飘飘飞上了天。

飞呀!飞呀!

他们轻轻扇着手臂,像鸟儿拍翅膀一样,在天空中忽上忽下,忽左忽右,自由自在地飞翔着,好玩极了。

地上的人们瞧见高高的天上有两个孩子,惊奇地瞪大了眼睛。

"瞧,那儿有两个孩子。"一个人嚷道。

"你看花眼了,是风筝。"另一个戴近视眼镜的人争辩说。

两个人吵来吵去,有人已经用望远镜看清楚了,立刻乱成了一锅粥。

有人打电话叫来了消防队。人们立刻扯开一块大帆布,准备用它来接从天上掉下来的人。

可是他们没有笔直落下来,扇了扇手臂,朝别的方向飞去了。

站在十字路口的警察瞧见头顶有两个孩子飞过去,连忙掏出警笛呜呜吹,大声喊道:"你们违反了交通规则,赶快下来。要不,就罚款。"

亮亮和巴巴娃飞得正带劲,才不理睬他呢。他们扇着翅膀越飞越高,钻出厚厚的云层,在白茫茫的云海上面跳舞、捉迷藏,越玩越高兴。

一架飞机飞了过来。他们跟着飞机飞,跳上飞机翅膀,对吓得半死的飞行员和乘客扮一个鬼脸儿。飞机上的人还来不及弄明白是怎么一回事,他们又飞了起来,消失在茫茫的云海里。

最后,他们在天上玩腻了,才收起手臂落下来,坐在一座宝塔上歇气。

亮亮低头瞧着脚下的风景,觉得像做梦一样,问巴巴娃:"外星人都天天飞吗?"

"是呀！"巴巴娃说，"要不，我怎么会飞到你们这个星球来？"

"你对我吹一口气，就能管我一辈子都能飞吗？"亮亮问他。

"那可不成！"巴巴娃说，"一口气只能管一天，必须天天吹才行。"

"请你天天跟着我，每天都给我吹气吧。"亮亮求他。

巴巴娃听了直摇头，回答说："不行啊！咱俩属于不同的星球，怎么能天天泡在一起？没准儿我明天就要回去了，怎么给你吹气？"

"唉，"亮亮长长叹了一口气，"看样子我只有抓紧时间，今天好好过一下飞的瘾了。"

"是啊，要飞，就得抓紧时间，今天咱们还能美美地飞一阵子呢！"巴巴娃说。

亮亮和巴巴娃手牵手飞起来，飞回家。亮亮对正在阳台上浇花的妈妈说："别等我回家吃饭，我上天去玩了。"

妈妈怀疑自己看花了眼，仔细一看，真是亮亮呀！

她急得大声叫喊："快下来，你会跌死的。"

"放心吧！有外星孩子巴巴娃，什么事也没有。"亮亮在天上回答，越飞越远了。

大白天，有两个孩子在天上飞，立刻轰动了全城。汽车、电车停下来，屋里的人都跑出来，抬头看这件稀罕事。整个城市都乱了套，比看日食和拖着长尾巴的彗星还带劲。这可急死了市长，忙坏了警察，生怕会闹出什么乱子来。

城里的孩子们可不这样想。

瞧他们多好玩，哪会出什么事？

他们羡慕得要命，跳着嚷着，朝天空大声呼喊："喂，小飞人，把我们也带上天吧！"

"好呀！"

亮亮对巴巴娃说："两个人在天上不好玩，把他们都带上来吧。"

巴巴娃点了点头，飞下去对孩子们挨着个儿吹了一口气。聪明的孩子们不用多教,伸开手臂学他们的样子,一个个都兴冲冲跟在后面飞上了天。

天上的孩子们像一群快乐的小麻雀,高高兴兴地齐声唱道:

> 高兴,高兴,真高兴!
>
> 我们都是小飞人。
>
> 飞来飞去多快活,
>
> 摘了太阳,摘星星。

满城的孩子们在天上飞,过了一天不折不扣的"飞行节"。

孩子们飞来飞去仔细一看,天上怎么还有一个大胖子?

原来是巴巴娃太粗心,不留神对路边一个胖子也吹了一口气。他伸了一下懒腰,觉得身子软飘飘的,一下子就像气球一样飞上了天。起初他觉得有些害怕,后来感到很好玩,就跟着孩子们在天上一起玩了。

"真带劲呀!"他高兴地对自己说,"准是没有了地心吸引力。我是胖子,比重轻,就飞起来了。"

啊哈,这一来,乱子越闹越大了。

丢了孩子的爸爸、妈妈们急得乱蹦乱跳;穿白大褂的医生,套着防护网的消防队员,拿着对讲机满头大汗到处乱跑的警察都抬头望着天上,一起

放声大喊：

"孩子们，快下来！"

一个瘦警官朝天上飞的大胖子喊叫："你是成年人，别带头胡闹！再不下来，就要逮捕你啦！"

亮亮瞧见这些人这么着急，对巴巴娃说："他们快急疯了，把他们也带上天吧！"

"好的！"

巴巴娃飞下去，对他们都吹了一口气，呼地一下子，他们举起手臂也飞上了天。说也奇怪，他们在天上觉得很安全，再也不叫喊了。爸爸、妈妈们牵着自己的孩子，瘦警官拉着大胖子的手，快快活活地在天上飞起来，跳起了空中快步舞。

瞧着警察也上了天，城里剩下的人吵闹起来。

"为什么不让我们上天？太不公平了！"

这好办，巴巴娃再吹气，把所有的人都带上了天。

噢，这才是真正的空中狂欢节。

大家飞呀、飞呀，快乐得忘记了一切。

当他们飞了很远很远时，忽然有一个人想起一件至关重要的事情。

"咱们飞了这么远，能找到回家的路吗？"

"放心吧！你们的城市跟在后面一起来了。"巴巴娃安慰他说。

大家低头一看，可不是么！城里所有的房子都排成队，跟着他们在地上开步走呢。

原来巴巴娃悄悄对房子也吹了一口气，它们也跟着走来了。

巴巴娃和亮亮到了一个小镇。

他对亮亮说："你再也不用套着布口袋到处走了，让我给你化装吧！"

化装的方法很简单：他买了一瓶墨汁，涂抹在亮亮的红头发上，再给亮亮戴一副太阳镜，遮住奇怪的绿眼睛，就可以大摇大摆在街上走了。

亮亮翘着嘴巴说："你过足了地球孩子瘾，我还没有过足外星孩子瘾。这样办，不公平。"

"别抱怨啦！"巴巴娃说，"你想过外星孩子的瘾，还有的是机会。别被人们缠住，就好。"

巴巴娃说得有道理，亮亮只好闭住嘴巴。两个人手拉手，迈开步子走到镇里，果真没有人纠缠。

"瞧，这样多好！我可以自由自在观察一切，不会再受一丁点儿干扰了。"巴巴娃满意地说。

"可是，谁会注意我是外星孩子呢？"亮亮闷闷不乐地说。

"别性急，你有机会表现自己的。"巴巴娃再一次安慰他说。

亮亮抱怨有理由。

他们走进小镇，发觉人们都在兴奋地谈论神秘的外星孩子，却没有一个人注意他。

"听说那个外星孩子会七十二变。"一个人说。

"他的眼睛里能够射出火焰，只消看一眼，就能把座大山烧成灰。"另一个人煞有介事地说。

"我亲眼见过他。"第三个人在街边的人群里大声嚷道，"他怪模怪样的，长着狮子头，牛身子，青蛙腿，一蹦就有好几米远。"

"啊，这是真的吗？如果他蹦到这儿来，恶狠狠盯我一眼，怎么办？"听了那个人的话，人们不禁惊呼起来。

"放心吧！"那个自称见过外星孩子的人得意洋洋地说，"这次他是来建立星球外交的。他在地球见到的第一个人，就算是这个星球的外交联络代表。"

瞧他那副得意的样子，不消说，他就是外星孩子认定的地球代表了。

那人站在台阶上，比周围的人高出半个脑袋，伸出手对众人说："瞧吧，这是和外星孩子握过的手，还带着他的热气呢！"

人们无限羡慕，争先恐后拥上来，抢着想握一下他的手，都想沾上一丁点儿神秘的外星气息。

"骗子手！他和我比，算得了什么？"亮亮瞧着这个吹牛大王，低声嘟囔道。

是呀，亮亮才是第一个见着外星孩子巴巴娃的人。人们应该羡慕他，听他讲述有关外星孩子的新闻才对。

"你说错了。外星孩子不是奇怪的动物，只不过头发是红的。地球上的孩子，头发也有不同的颜色。"亮亮忍不住了，走过去对那个自称和外星孩子握过手的人说。周围的人都转过身子，望了望他，又望了望那个人，不知道谁说得对。

"你说谎！你有证据吗？"那个人面孔涨得通红，十分傲慢地对亮亮说。

"我可以讲出真实的外星情况，这就是最好的证据。"亮亮说。

"哈哈，我是外星孩子认定的地球联络代表。他把所有的情况都告诉我了，难道还会难倒我吗？"那个人说。

亮亮见他这样厚颜无耻，不由得气往上冲，手指身边的巴巴娃说："外星孩子把所有的情况都告诉他了，你和他比试吧！"

"好的！"那个人说，"让我先说几句刚学会的外星话吧！"

他清了一下嗓子，就抬头朗声说起来了。

"卡利古夏呜嘟嘟，亚里亚里哇哇哇。"

围观的人听得入神了，问他："请问，这是什么意思？"

"这就是'早上好，今天天气不错呀'的意思。"他解释说。

听了他的话，巴巴娃噗嗤一声笑了，也说道："依呜利落嘟哈儿，皮里普塔苏。"

不等他说完，那个人就打断巴巴娃的话，轻蔑地问他："你不懂装懂，胡诌些什么呀？"

巴巴娃笑嘻嘻回答说："我说的，正是你讲的这个意思。"

那个人的脖子涨得更红了，问巴巴娃："你知道那个星球的方位、距离和生活情况吗？"

巴巴娃说了，他也一口气说完了。旁边的人不知道真假，他们分不了输赢。亮亮和巴巴娃气破了肚皮,也没有半点办法。

那个人傲气十足地说:"你们别在这儿胡搅蛮缠了。请问,你们还有什么证据吗?"

"有的,我就是证据。"巴巴娃理直气壮地说,"因为我就是那个外星孩子。"

那个人考了他一阵子,哈哈笑道:"你算什么外星孩子?瞧你连话都说不清楚,只能算是一个低能儿。"

巴巴娃还想争论,却再也没法说服他和周围的观众,气得一句话也说不出来。

亮亮不服气,对那个人说:"我也是活证据,你想看吧?"

那个人乐了,问他:"你想证明什么,也是连话也不会说的傻瓜吗?"

亮亮见他不相信,拧开路边的自来水管,冲洗干净头发上的墨汁,露出火红的颜色。又摘下太阳镜,瞪着绿光闪闪的眼睛,伸出猴子样的尖耳朵,把周围的人吓了一跳。

"啊,外星孩子!"人们惊呼起来。纷纷拥上去,把他围得紧紧的,要他讲述外星的情况。那个吹牛的人再也没人理睬,只好灰溜溜地溜走了。

亮亮向巴巴娃递了一个眼色,正要请他悄悄帮忙,让自己好好过一下外星孩子瘾。谁知,天空中亮光一闪,飞下一个银色的飞碟,接着门一开,走出一个外星妇女,拉着他的手,对他说:"宝贝儿,三天了,你该跟我回去啦!"

说着,就不由分说把亮亮拖进飞碟,呼的一下飞上了天。

巴巴娃急了,跳起双脚大声喊道:"妈妈,你弄错了,我才是你的孩子呀!"

可是飞碟已经飞走了,外星妈妈根本就没有听见他的喊声。

巴巴娃用力挥着手,还想喊叫,不料背后走过来另一个妈妈,把他紧紧搂在怀里。

"亮亮,跟我回家吧!"这个妈妈伤心地说,"你和外星孩子玩了三天,谁是你的妈妈也弄不清楚了。如果再在一起,准会变成傻子。"

巴巴娃没法挣脱亮亮妈妈的怀抱,只好跟她走回去。

也不知外星妈妈会不会飞回地球,把他换回去。

时间储蓄卡

漫长的星期天，真不好过呀！

亮亮做完了作业，吃午饭还早呢。加上下午和晚上，还有大半天时间，该怎么消磨才好？

"跳房子"吧！

那是小女孩的游戏，亮亮才不和她们一起玩呢。

玩电子游戏机。

老师早说过了，别泡在里面，泡进去可不好！

踢足球吧！

院子里只有他一个像样的男孩，剩下的全是小姑娘和拖鼻涕的毛孩子，他和谁踢呀？

干什么都不成，亮亮只好顺着大街漫无目的地荡来荡去。走腻了，就坐下来，背靠着屋角晒太阳。街上的行人和汽车来来去去，像一部乏味的电视剧一样，又长又平淡，总也看不完。暖洋洋的太阳照在身上，他晒着晒着，就想打瞌睡了。

唉，这个漫长的星期天真难挨啊。

亮亮半眯着眼睛，昏沉沉地正要睡着，耳畔忽然传来一个声音。

"喂，孩子，你在这儿干什么？"

亮亮睁开眼睛一看，原来是一个笑眯眯的老伯伯。

"我什么也没有干呀！"亮亮说。

"大好时光，什么也不干，多可惜。"老伯伯说。

"没有事情干，叫我怎么办呢？"亮亮无可奈何地说。

"把时间存进银行吧，留着以后慢慢用。"老伯伯挺和气地劝他。

"存银行？"

亮亮骨碌碌转着大眼睛，心里不明白，自己和银行有什么关系。

"我没有钱，只有用不完的时间，怎么存银行呀？"他莫名其妙地望着这个奇怪的老伯伯。

"我说的就是时间，"老伯伯说，"把暂时没有用的时间存起来，以后要用的时候再取来用。"

"时间也能存吗？"亮亮觉得非常奇怪。

"可以呀！"老伯伯说，"我就是这个银行的工作人员，帮你办理吧。"

亮亮转过身子，这才瞧见自己正好坐在一个银行门口，上面写着四个大字：时间银行。

老伯伯问他："你的多余的时间，存活期，还是定期？"

亮亮好奇地问："时间也能这样存吗？"

"可以的，"老伯伯说，"如果你拿不定主意，干脆办零存整取吧！把每天多余的时间都存起来，要用的时候一起取出来，多好！"

"好的！就这样办。"亮亮高兴地说，可是心里还有些不明白。

他问："时间看不见，摸不着，怎么存银行呢？"

"这好办！"老伯伯给他一张亮闪闪的金属储蓄卡说，"你把它放在衣兜里。存的时候，只消按一下按钮就行啦。要取，按两下按钮。"

噢，原来这样简单。

亮亮接过来一看，只见在薄薄的时间储蓄卡上写着两行红字：

寸金难买寸光阴，

爱惜时间爱生命。

他说："让我试一下，先把今天多余的时间存起来吧。"

他边说，边轻轻按了一下按钮。说也奇怪，耳边只听见呼的一声，天就黑了，到了吃晚饭的时间。摸了一下身子，一点也不疼，存时间比存钱还方便。

看一下手里的时间储蓄卡，上面闪现出一行文字："结存 5 小时 36 分 48 秒。"亮亮高兴得跳了起来。

妈妈问他："今天你为什么这样高兴？"

亮亮掏出时间储蓄卡，在她的眼前晃了一下说："瞧，这是什么！"

"你哪来的银行存款？"妈妈奇怪地问他。

"我没有存款，只有存进银行的时间。"亮亮一五一十告诉妈妈是怎么一回事。

妈妈高兴了，说道："时间比钱更宝贵，你好好存起来吧！"

亮亮开始存时间了。

上学的路上多余 5 分钟，存起来！

下课的时候，多余 2 分钟，也存起来！

同学们只瞧见他伸手在衣兜里不停地揿呀揿，不知道他在干什么。

"你的衣兜里有一只小虫子吧？"一个同学问他。

"是不是一块糖？"另一个同学问。

"都不是的。我在存时间呢。"亮亮说。

"嘻嘻，你骗人，时间怎么能存呢？"大家嘻嘻哈哈嘲笑他，不管亮亮怎么解释也不相信。

有人说："就算你能够把时间存起来，要用的时候怎么取呀？"

听了这话，亮亮心里也犯了疑。是呀！自己只顾傻乎乎地把看不见的时间往里存，谁知道是真是假。那个不认识的老伯伯，会不会是和我开了一个大玩笑？

他决定支取一些时间来试一下。如果没法兑现，就是假的了。

他正做一道头疼的数学题，快要下课了，时间显然不够。他立刻伸手在衣兜里轻轻揿了两下，奇迹立刻发生了。

瞄一下手表,表上的指针忽然飞快地往后倒退了大半圈。他一下子就多了半个多小时,顺顺当当做完了这道题,真妙啊!

转身看旁边一个同学,正咬着笔杆发愁。他的时间也不够了,急得要命呢!

"别急,"亮亮安慰他,"我借给你十分钟吧!"

"借给我十分钟?"那个同学像听见童话故事一样诧异,"你以为借时间,像借一块橡皮一样吗?别给我开玩笑啦。"

"这是真的,"亮亮说,"你把这张时间储蓄卡放在衣兜里揿两下,就有时间了。"

那个同学半信半疑地接过去,赶紧塞进衣兜,贴着身子使劲揿了两下。下课铃响了,什么奇迹也没有发生。

"你骗人!"他气恼地把薄薄的时间储蓄卡扔回去,冲着亮亮大声嚷道。教室里的同学们都听见了,嘻嘻哈哈地嘲笑亮亮,谁也不听他的辩解,他气得差点哭起来。

第二天,他跑到时间银行问老伯伯。

老伯伯告诉他:"自己的时间,只能存着给自己用,不能借给别人。如果大家都把时间借来借去,岂不乱套了吗?"

噢,原来是这样一回事。

亮亮对同学们说:"你们也存时间吧。存着给自己用,比存钱还有用。"

"嘻嘻!说谎话,鼻子会变长。"

同学们谁也不信他的话,把他当成说谎的孩子。亮亮说不清楚,真委屈呀!

"你们总会相信的,"他嚷道,"我的鼻子不会变长,有用的时间会变得比你们都长。"

亮亮不和他们争辩了,但他坚信自己的做法是正确的,因而毫不懈怠地坚持下去,把多余的时间一分一秒都存进衣兜里的储蓄卡。日子一天又一天地过去,转眼就快要过年了。看一下时间卡的记录,他高兴得跳了起来。

瞧,上面闪现着这样一行文字:

结存 61 天 17 小时 9 分 29 秒

啊哈,他的努力没有白费。一年算下来,多了整整两个月。对他来说,一年变成了 14 个月! 实在太不可思议了。

现在正是寒假,同学们都在忙着制订自己的假期计划。寒假没有暑假长,过了年转眼就开学,甭想到别的地方去玩了。

亮亮可不一样,他有的是时间。北方太冷了,过了年,跟着爸爸妈妈到海南岛泡海水,躺在沙滩上晒太阳,整整玩了两个月,带回许多美丽的贝壳和照片。同学们看了,都羡慕得要命。

现在,谁也不怀疑亮亮的话了,争先恐后向他打听:"快告诉我们,时间银行在哪儿? 我们也要去存多余的时间。"

喂，大海——一个水手讲的故事

水手阿波的话

我，向阳号远洋货轮见习水手阿波，今年十七岁。尽管我的海上生涯并不算太长，但是随船漂过五洋四海，却见识了不少新鲜事儿。有人说我生性耽于幻想，脑瓜里从来也不肯安静，惯爱冒出种种稀奇古怪的念头，捅了不少娄子，还险些儿闯下大祸。可我总有些不服气！每逢这种场合，船上最疼爱我的舵工老万大叔就走过来，竖起指头告诫他们说："别嘲笑阿波啦！一个水手要是没有勇气和幻想，还能做出什么事情来呢？"老万大叔是船上最富有航行经验的老海员，经他这么一说，人们就再也没有别的话好说了。

现在，我趁航行的余暇，把这些奇遇讲给你们听，如果你们读后感兴趣，请写信告诉我，我再一个故事接着一个故事地讲下去。朋友们，这样办，好吗？

阿　波

海岛"养殖场"

一、危险的 48 号海区

这个故事,是在南海上发生的。

我们的船从湛江港装运了一批货物到加里曼丹去,途经南海的 48 号海区。

临行的时候,一位花白头发的退休老海员站在码头上对我喊道:"喂!阿波,路过 48 号海区你可要小心一点呀!别让风浪把你颠下海去喂了大鲨鱼。"

这条航线我还是头一次跑,48 号海区是什么样儿的?是不是真的像他说的那样可怕。我跑上驾驶台,查了一下海图,上面果然写着:"多暗礁,台风季节航行禁区"。作为一个见习水手,我当然明白"航行禁区"这几个字包含着什么意思,不由使我倒抽了一口冷气。好在现在正是开春不久的时候,还不到台风盛行的季节。要不,说不定会真的被簸荡下海去喂鲨鱼呢!

我怀着忐忑不安和好奇的心情,等待着这谜也似的 48 号海区的光临。60 多个小时以后,它终于在远方的海平线上出现了。船长命令轮船减速,所有的值班水手都站在岗位上,准备应付一切可能出现的事情。看起来,要过这个危险区域还真有些不简单呀!

我和老万大叔正好都不值班,我端起一副望远镜,站在船头上仔细打量。果然瞧见前方一片白浪滚滚,和四周平静的海面显然不同。我想:浪涛是礁石激起的,那儿的水下必定有许多暗礁,航道一定极其复杂。

不一阵子,船驶到了跟前,水势越来越大了。我们的船一会儿被抛了起来,升腾在浪花尖上;一会儿又猛地往下一沉,半没在深海的波谷里,船还不得不时时在尖牙利剑般的礁石群中左右闪避,真是危险极了。

049

"这些暗礁太讨厌了！一点好处也没有，还不如趁早都炸掉。"我瞅着水下礁石的幢幢阴影，自言自语地说。

"不，你说得不全面啊，"老万大叔摇了摇头，不以为然地告诫我说，"炸掉一些礁石当然可以。但是要把它们统统都炸了，以后又从哪儿生长出小岛来呢？"

"什么！您说小岛是从海里长出来的？"我瞪大了眼睛，怀疑自己是不是听错了。

听了我的话，老万大叔微微笑了，随即挑逗似地眨了眨眼睛，又接着说："为什么不可以呢？这里的珊瑚礁再过许多年，就会冒出来成为小岛。要不，南海哪来这么多岛屿？"

我的眼睛瞪得更大了。这可真是天下奇闻，海岛居然会像春天树林里的蘑菇似的成片"长"出来，真是从来也没有听说过的怪事。

"这有什么可奇怪的？"他点燃了从非洲买回来的大烟斗，向空中喷了一口浓烟，慢悠悠地对我说，"世界上所有的珊瑚岛都是这样长出来的，并且还在不断地生成新岛。我相信，再过几百年，热带的海图就得重新画一次，否则就要漏掉许多新生长出来的小岛了。"

他说话的时候，面孔正儿八经的，使我不由得不有几分相信。好奇心促使着我，我连忙问："有办法让它们长快一些，在48号海区长出来一座可以避风的小岛吗？"

"唔，这可不知道啦，得问问科学家才行。"老万大叔摆了摆脑袋，没有回答出我的问题。我注视着水下成列成片的礁石，一个朦胧的幻想悄悄升上了心头，心想："我一定要发明一个方法，在48号海区造一座珊瑚岛。到了那个时候，就是遇着台风，也不愁没有地方躲避了。"

二、珊瑚虫的分身术

这个诱人的幻想鼓舞着我，来不及和老万大叔多说一句话，我立刻就转身奔进船舱的图书室，在书架上乱翻乱找起来，我掀开一切足能提供一星半点线索的书籍，终于在一本书上找到了珊瑚岛生成的原理。原来，珊瑚岛是小珊瑚虫的"建筑物"。珊瑚虫成群地生活在一起，分泌出许多石灰质，在同伴身上逐渐筑起了自己的安乐窝，美丽的珊瑚枝就是这样组成的。珊瑚枝这样一枝接着一枝慢慢生长，不用几百年，就能伸展到靠近水面的地方。再加上海流的作用，把许多岩屑和泥沙冲带到礁顶堆积起来，礁石就逐渐露出水面而变成小岛了。

"哈，现在我算彻底明白啦！原来珊瑚岛的形成不是礁石和岛本身的作用，而是机灵的珊瑚虫在帮助它们生长呀。"

接着打开的一本书，是19世纪英国著名自然科学家莱伊尔的《地质学原理》，上面有两段有趣的记录：

"……普伦提斯少校发现，在马尔代夫群岛中有一个长满椰树的小岛，在几年之内完全盖满活珊瑚和石蚕。"

"……奥伦博士在马达加斯加东岸所做的实验，也证明珊瑚有可能在半年内生长三英尺。所以，在有利的环境下，增长的速度并不很慢。"

看起来，珊瑚可以长得很快，马上动手在48号海区建造一座避风岛，不是不可以想象的。但是，莱依尔博士所说的"有利环境"是什么呢？

答案终于找到了，一本枯燥无味的生物学教科书把我带进了幻想的新天地。书上这样写着：

"珊瑚虫……雌雄异体。除营有性繁殖外，尚有采出芽法或分体法而营无性繁殖者。……其再生能力强，躯体的极小部分切断后，均可重新恢复为完整的个体。"

一个闪电般的崭新念头照亮了我的头脑。要是把水下的珊瑚虫统统拦腰切断，不用几天工夫，珊瑚虫岂不是就增加一倍，珊瑚礁不也就长高了吗？

"生物学万岁！"我高兴得放声大喊一声，把这本厚厚的教科书用力抛到天花板上，头也不回地冲出了图书室。随手捞了一根粗索子拴在腰间，向船舷边笔直冲去。

"阿波,你要干什么?"船长一把抓住我的衣领,严厉地诘问道。

我的一只脚已经从栏杆上跨了出去,另一只还踏在甲板上,进退不得,狼狈极了。

"我想趁船还没有开出48号海区,下去捞一块活珊瑚。"我憋着嗓子,结结巴巴地回答说,终于把一切都说了出来。

"原来是这样一个妙主意,怪不得要想跳海了。"船长微微一笑,不再和我多说一句,抓住索子就把我拖到他的房间里去。

"糟啦!"我的心七上八下的,垂头丧气地跟在后面,不知道会触什么样的霉头。

谁知,结局竟是意外的美妙。船长摆了一摆手,皱着眉头吩咐我坐在他面前的沙发椅上。

"你这样跳下去,准会一直沉到底。"从他那显得十分严厉的面孔上,掠过一丝隐约不清的笑意,船长说,"好在我这里还有几块活珊瑚,是南海研究所茅金森教授委托我采集的,你先拿去看看吧!别再打算向海龙王去要了。"

他说着,顺手就从柜子里拿出一个装有珊瑚标本的玻璃瓶。

我用镊子仔细取出一条小珊瑚虫,用刀切成两段,放到另一只盛满海水的瓶子里,小心翼翼地捧回水手舱。

"喂,小幻想家,你又弄到什么宝贝了?"一个伙伴好奇地问我。

"这是一条珊瑚虫,要从它的身上造一座小岛。"我骄傲地回答说。

"一条虫,变一座岛?"他惊讶地扬起了眉毛。别的人也议论纷纷,不明白我的葫芦里到底卖的什么药。

这时,老万大叔在一旁笑眯眯地插话了,像是帮助我解释说:"他不是在变戏法,真的要把这条虫变成一座岛——要在它的身上寻找造岛的方法。阿波,你说,是这样吗?"

他这句话一直说到了我的心窝里,我连忙点点头,心里幻想着未来,甜蜜蜜地笑了……

三、海上冒出了一个"石蘑菇"

我把玻璃瓶放在床边的小桌子上，着迷地盯住它，等待奇迹的出现。几天以后，船返回湛江港，瓶里那条切成两段的珊瑚虫果真变成了两条。有头有尾，像是一对孪生的小虫。在放大镜下仔细观察，也分不清它们的身子哪一半是原生的，哪一半是后来长成的。

我指给大家看，人人都感到很惊奇。可惜那天我赶到南海研究所，没有找到茅金森教授，只给他留了一封说明情况的信。人们说，他出海去了。要不，向他好好请教一番，对造岛计划一定有很大的帮助。

"阿波，别性急。等我们下次回来，说不定能够见到他。"船长安慰我说。

可是我却等不得了，决定自己先动手干起来。我和老万大叔反复商量，选择了在航线上最危险的一块暗礁进行实验。怎么进行呢？我戴上氧气面罩和橡皮脚蹼，趁船经过这儿稍事停留的一会儿，先潜下海去摸摸情况，然后再想法把所有的珊瑚虫都切成两段，让它们通过无性繁殖都成倍生长。我相信，只要这样坚持搞下去，暗礁准会出水变成一座真正的海岛。

"这块礁石不小呀！要把所有的小珊瑚虫都一根根掏出来，这多麻烦。能不能有更简单的方法？"有人表示怀疑地问我。

说真的，这也正是我日夜思索的难题，一时回答不出，只好搔搔脑袋说："让我再想一下吧，我总会想出来的。"

话虽是这样说，要摸清情况可真是不容易啊！因为船在这里停留的时间不多，每次路过这里，只能在水下绕着礁石游一圈，一时对它还琢磨得很不够。要实现心目中的造岛计划，的确还遥遥无期。

想不到就在这个时候，一件最奇妙的事发生了。当我核对这块礁石的深度记录时，发觉每一次的测量数值都不一样，礁顶的形态也有一些变化，很明显地在慢慢往上生长。

"咦，这是怎么一回事？我还没有动手，它就自己往上冒了。"我感到莫名其妙，自言自语地说。珊瑚礁静静的，没有回答我的话。在蓝玻璃般的水底，成群结队的鱼儿在礁面的珊瑚枝丛间游来游去，我觉得它比往常神秘多了。

我心里十分纳闷，开始胡乱猜测起来了。难道这儿的气候在短时间内发生了根本的变化？还是发生了一次强烈的地震，使整个海底都向上升？或是突然出现了奥伦博士在一百多年前所见到的同样"有利条件"？我想来想去也弄不明白，就是经验丰富的老万大叔也不知道是怎么一回事。这是一个十分重要的情况，我请求船长允许我在这里多停留一会儿。

这一次，老万大叔陪我一起下水，刚游到礁石边，忽然在幽暗的海水深处射出一股亮得使人睁不开眼睛的白光，像闪电般扫了礁石一下，礁石顶部的珊瑚枝就破碎成一段段的了。我还来不及多想一下，一艘小潜水艇就迎面开过来，舱门一打开，游出几个潜水员。其中一位老人游到我的身边，握了握我的手，对我说："你就是阿波吧！我收到了你的信，你的想法和我们完全一样。"

不消说，这就是南海研究所的茅金森教授了。经他这么一解释，我才恍然大悟了。原来他们也有一个造岛计划，这块礁石不断升高，就是他们干的事。但是还有一些问题不够明白，那道白光是怎么一回事？为什么他托船长收集活珊瑚虫标本，自己又悄悄跑到48号海区来了呢？

"这是激光，"茅金森教授解释说，"要是不用先进科学技术，慢吞吞地一根根捉小珊瑚虫，得要多少年才能造好一座岛？"

他的话一下子就使我开窍了，真妙呀！用激光一眨眼就能把礁顶所有的珊瑚虫都切断，为什么我想不出来呢？不由又是羡慕，又是有些儿埋怨似的瞟了他一眼，心里想："哼，你有这样一个好办法，还叫我们送珊瑚虫呢！"

茅金森教授像是看透了我的心思，笑了一笑对我说："至于请你们送珊瑚虫嘛，那是为了在家里多做几次实验。上一批珊瑚虫标本还没有送到，我们已经试验成功了，当然就提前出海不再等你们了。"

在我们说话的时候，另外几个潜水员在礁顶上种了几棵可以在海水里生长的小红树。

"阿波，你猜，这是怎么一回事？"茅金森教授笑眯眯地考问我。

我想了一想，就明白了，回答说："珊瑚虫只能在水下生活，不管怎么长，也不能升出水面。现在礁石已经快要露出水了，种这几棵树，一定是为了加快泥沙沉积，帮助小岛赶快长出来。"

"说得对！"他点了点头，赞许似的对我说，"今天已经是9月5日了，让我们赶快把小岛造出来，作为向国庆献礼的最好的礼物。"

国庆节前真的就能够造好这座珊瑚岛吗？和茅金森教授在水下分手后，我一直在惦念着这个问题。到了那一天，我们的船又经过这里，站在甲板上一望，海面上真的浮起了一座圆环形的小岛。岛弧外的海水起伏波荡着，可是弧圈内的水面却像平静的池塘，只是微微荡漾着一些儿涟漪。岛弧上还有好几个缺口，可以让轮船自由出入，真是一个再理想也没有了的避风港。身穿白色工作服的茅金森教授站在岛上对我不住微笑招手。我骄傲地对挤在身边的伙伴们说："瞧吧！从小小的珊瑚虫身上，不是真的长出一座海岛了吗？"

火焰岛传来的警报

一、太平洋的新生儿

我曾目睹过一场水下火山的喷发。

那是一次从太平洋上返航的途中。我还十分清楚地记得，那一天异常的炎热。我忍受不住赤道太阳和机舱里所散发出来的热气，就从船头甲板下的水手舱室里跑出来，在驾驶台边的走廊上，找到一块荫凉的地方，捏住水手帽当扇子，在胸前挥来挥去，驱赶闷热的暑气和心中的烦躁。

天空中没有一丝儿风，洋面上静静的。在灼热的阳光照耀下，到处升腾起袅袅的水蒸气，像是一个快煮沸了的大蒸锅。我微眯着眼睛，没精打采地观看着眼前的一切,丝毫也不指望会有什么奇迹发生。

忽然,在左舷边几海里外的水面上,涌出一股白色的水柱。当我拭了拭眼睛,还来不及看清楚是怎么一回事的时候,它却变幻成了乌黑的浓烟,冲到了半空中,形成一朵蘑菇云。接着,传来一声惊天撼地的巨响,无数大大小小的石块,排开水波猛冲了出来。天空中灰烟弥漫,遮住了太阳的光辉。灰尘像下雨似的洒落下来,盖满船甲板。刚才那幅风平浪静的画面,一下子不见了,海水喧嚣着、沸腾着,卷起一个个比顶层甲板还高的巨浪,对准船舷猛扑过来。船身陡然一震,把我重重地摔倒在甲板上。

这是怎么一回事?我惊恐地注视着发狂的大海,刚撑起身子,又失去平衡跌了一跤。

"还不快进来,海底火山爆发了!"老万大叔不知从什么地方急匆匆地钻了出来,抓住我的手臂,将我一把拉进船舱。但是在闭紧门窗的舱房里,也找不到一个平静的角落。吊灯不停地来回摆动,脚下的地板发疯似的颠簸着。若不是紧紧抱住固定在舱板上的桌子腿儿,准会把我像皮球般地从这边墙壁抛到另一边,然后再弹射回来。在我的整个航海生涯中,还从来没有遭遇过这样猛烈的风浪。和它比起来,最强劲的台风也只不过像是用扇子轻轻扇了一下罢了。

在这使人头昏脑涨的颠簸中,我无法用适当的语言来描述全过程。只觉得船身像触礁似的剧烈颤动着,仿佛火山不是在海底,而是紧贴在脚板下面喷发。要是再过一分钟,整只船被抛送到半空中,我也毫不感到惊奇。

这样不知折腾了有多久,好不容易才慢慢平息下来,海面上逐渐恢复了平静。

但是,这是什么样的"平静"啊!海面上依旧冒着浓烟,到处漂浮着红褐色多气孔的浮石①和成千上万条翻白肚皮的死鱼。我所熟悉的大海,已经彻底变了样。

---

① 浮石是火山喷出物的一种,由于有许多气孔,可以在水上漂浮。

"瞧,海里冒出来一块礁石!"一个伙伴手指着水浪里一个黑糊糊的影子喊道。

我定睛一看,可不是!就在刚才涌起水柱的那个地方,真的出现了一块从未见过的乌黑色岩石。

"记下来吧!太平洋上又多了一个新生的'婴儿'。"老万大叔拭净额角上的汗珠,把海图递给身边的值班水手,让他用削尖的铅笔,把这块礁石仔细地描记在海图上。

为了观察得更仔细,船离开航线驶了过去,慢慢绕着黑色岩石转了一个圈子。我这才看清楚了,这是一片长宽各约十多米的锅形凹地,胶糊状的岩浆还没有最终定型,表面还在不断冒热气呢!

瞧着瞧着,我脑子里忽然冒出一个念头:"嗨,要是让它再长高一点,变成一座真正的小岛,该有多好!"我把这一想法告诉了老万大叔,老万大叔听完后,朝我瞪了一眼,说:"得啦!阿波,别又胡思乱想了。"

二、造岛计划

这个主意虽然一时没有得到老万大叔的赞同,却像在我的心里扎了根似的,总是翻上翻下,一刻也得不到安宁。从那以后,每逢我们的船驶过那个新生的礁石时,我的心仿佛像被它吸引住似的,我伏在船栏上眼巴巴地盯视着它,直到望不见影子才罢休。

"阿波,你真的还在转那个怪念头?"老万大叔吧唧着烟斗,站在一旁问我。

"是的,"我回答说,"礁石是航行的障碍。如果变成一座岛,可以碇泊?也可以供人们居住,那就是另一回事啦!"

"想得倒是不错,"老万大叔点了点头,眼睛里闪烁着赞许的笑意,"但是礁石不是大白菜,怎么才能使它长高呢?"

他一句话问到了点子上。说实在的,这正是我时常琢磨的问题。我查看了许多资料,但是不管在哪本书里,也没有找到帮助礁石长高的办法,这真使我烦恼极了。

想不到这个难题竟在我休假回家探亲的时候得到了启发。那一天，妈妈给我煮了一碗鸡蛋面。我刚拿起筷子，突然听见"轰隆"一声巨响。往窗外一看，对面的小山上浓烟滚滚，碎石被炸得满天纷飞。

"这是怎么一回事？"我问妈妈。

"公社的石灰窑在开山采石料。"

"哈，这个办法太好啦！"我的心里陡地一亮，放下碗转身往外就跑，也不顾妈妈在后面大声呼唤。跑到车站，跳上一列刚进站的火车，一口气赶到港口，顺着舷梯冲到咱们那只轮船的甲板上。

"有办法啦！"我对老万大叔兴冲冲地嚷道。

"什么鬼点子？"他很有兴趣地问道。

"爆炸！用炸药炸开火山口，让岩浆滚出来。"

"唔，如果真的能这样，那太好啦！"他像是恍然大悟，赞许地点点头，可是稍许沉思了一会儿，又担心地说："要是岩浆滚出来收不住，可不是好玩的啊！"

"怕什么！难道还担心会把太平洋填平不成？"

听了我的话，老万大叔哈哈笑了，拍了拍我的肩膀说："小伙子，你可真是初生牛犊不怕虎呀！"

话虽是这样说，但是，是不是真的可以这样办，我们俩都说不出个道理来。况且造岛工程又不是几个船员所能承担的，因此决定趁船还没有起航的机会，到火山研究所去一趟，把爆破造岛的想法说一下。

一位满头银发的老教授耐心地倾听了我的意见，赞许地点了点头说："你的想法很对路子，火山岛的形成就是这么一回事。你能想出用人工爆破的办法来缩短自然造岛过程，很不容易呀！"

说着，他站起身，指着墙壁上的一幅大地图，对我说："瞧，光是在太平洋底，高出海底 1000 米以上的水下火山，就有 10000 多座。要是能用这个设想让它们都冒出海面，成为人类可以居住和开垦的小岛，真是太好了！"

听了他的详细介绍,我才明白,原来岛屿共分四类:珊瑚岛;火山岛;像崇明岛那样由河流泥沙堆成的冲积岛;以及像台湾、海南岛,本来就是陆地的一部分,由于地壳下沉或是别的原因,才分离开的"大陆岛"。其中,大洋中的岛屿差不多都是海底火山活动形成的。热带海洋上星罗棋布的珊瑚岛礁,也多半是在已经熄灭了的海底火山上发育起来的。火山岛的确是海上的生命乐园。我国台湾附近的火烧岛、澎湖列岛,南海上的高尖石,以及太平洋上著名的夏威夷群岛、复活节岛、新赫布里底群岛、阿留申群岛、千岛群岛、琉球群岛……等,都是海底火山喷发生成的。

海底火山喷发,有的成岛很快。在冰岛以南32千米,大西洋里的苏尔特塞海底火山,原来水深约130米。1963年11月15日突然火山爆发,只经过一天一夜,就从海水中冒出了一座高40米、长550米的小岛。直到现在,还有许多水下火山在不断喷发,说不定在什么时候会在这儿,或是那儿长出一座新的火山岛呢!

"最好赶快去试一次吧!"我急不可待地提议说。

"别性急。"老教授沉思了一下说,"还得仔细计算一下,需用多少吨炸药,才能炸开一条不大不小的口子。既让岩浆涌流出来,又不至于造成不可收拾的局面。未来岛屿的大小,也得事先规划好。"他边说,边用笔在纸上画了一个想象中的小岛。岛心是一座高耸的火山锥,四周的几条假设的熔岩流通道上,展开地势低缓的平原。在平原上画了一些代表工厂、码头和城镇的符号。他眯缝起眼睛,满意地欣赏了一会儿,又说:"最后,还得考虑周全,万一出了漏子,该怎么办?"

经他这么一说,我再也插不上嘴了。这样高深的学问,早已超过了我的知识范围,叫我怎么能够回答出来呢?

老教授像是看透了我的心思,微微一笑,安慰我说:"不要灰心丧气嘛!你想出了这个主意,已经立了一个了不起的大功。以后的事情,就让我们来安排吧!到时候一定通知你,一起去看新岛怎样诞生。"

三、海水里涌出的小岛

老教授说话是算数的。一个月以后，当我们的船又返航回来时，便接到通知，老教授邀请我和老万大叔去参加新岛诞生典礼。他在通知书上还亲笔注明了一句话，"请带足生活用品，整个过程为17天零5小时47分。"

我的心儿像撞击在船壳上的浪花似的，不住怦怦地狂跳着，心想："为什么需要这样长的时间？瞧他说得怪有把握的，似乎已经亲身经历了整个过程。"

爆破工程船驶到了目的地。当在那块礁石的锅形火山口里放好炸药，安上定时引爆装置以后，船开得远远的，随船前来参观的记者们，分头乘坐橡皮船，端起了照相机和电影、电视摄影机，屏住呼吸，等待着奇迹的出现。

电子表上的绿色数字，在不停地变换着，临近预定时刻的一刹那，我连忙伸出双手捂住耳朵。只见礁石上猛地闪出一团火光，出现了一幅熟

悉的景象：红得耀眼的岩浆大股大股地涌流出来，溢进大海中，发出"嗤嗤"的声音，升腾起一片翻滚的烟雾。我睁大了眼睛看过去，不多一会儿，礁石果然增大了一些。

"好啊，小岛诞生了！"我高兴得双脚跳了起来，把水手帽扔向空中……

老教授的估计果然没有错。这座火山被引燃以后，日夜不停地整整喷发了半个多月。在最后的那段日子里，我又兴奋又着急，担心万一计算发生差错，那炽热的岩浆一直流淌下去怎么办？

最后，喷发声终于越来越微弱，慢慢停下来了。喷火口里的岩浆渐渐凝固住，封闭了这个通往地心的大"窗口"。我们的眼前，奇迹般地出现了一个真正的小岛。正像老教授当初在图纸上所画的那样，岛中央有一座高耸的火山锥，四周是一片还在丝丝袅袅冒着热气的熔岩平原。算一算时间，恰好是 17 天零 5 小时 47 分，一切都是严格按照预定的计划进行的。

"阿波，你是这个岛的设计师，请你给它取一个名字吧！"一位记者建议说。

"它是在烈火中诞生的，就叫它'火焰岛'吧。"

"好的，这个名字很切合实际。"老教授点头表示赞同。

从此，"火焰岛"这个名字就传播开了。海图上标明了它的精确位置，来往的船只都喜欢在这儿停靠一会儿，观赏一下岛上的风光，向这个太平洋中的"新生儿"问好。岛上陆续迁来一些居民，修建起渔港，在肥沃的火山灰地层上播种庄稼，甚至还建立了一个不大不小的城镇呢！当人们踏上岛岸，在布满了新建筑物群的熔岩原野上散步时，真难以想象这片土地不久以前还是从汪洋大海的海底冒出来的。

"阿波，你的脑瓜子真灵！咱们可以合伙，开办一个海岛制造公司啦。"老万大叔瞅着耸立在晴空里的火山锥，对我开玩笑说。

我听了，得意地翘起了鼻子，心里乐滋滋的。

四、火山的"壶嘴儿"

谁知,好景不长。一年多以后,我们航行到一个港口,我正满怀愉快地边哼唱着小调,边在甲板上整理缆索,老万大叔拿着一张报纸急匆匆地跑来,对我说:"阿波,出娄子啦!火焰岛又要爆炸了。"

这真是一个晴天霹雳,我听了不由一怔,扔下手上的缆索,发急地说:"岛上现在住满了人,那怎么成呢!"

这到底是怎么一回事?记得火山研究所的那位老教授曾向我解释过,原来这是一座间歇式火山。地下的岩浆和热蒸气要在火山管道里积聚到一定的程度,才能产生足够的压力引起喷发。我想:人工爆破的结果,会不会扩大了管道,加速了压力积聚的过程,因而缩短了喷发的周期呢?

"咱们赶快去找老教授吧!他一定有办法。"我着急地说道。

"不行啦!"老万大叔说,"他已经带着助手飞到月球上考察去了。去年参加造岛的技术人员一个也不在。"

"唉!这可怎么办才好呢?"我急得直搔脑袋,一点办法也想不出。记得老教授曾经说过,要事先设计出应付万一发生问题的救急方案。可惜当时我没有问清楚,要不,也不会这样着急了。

不幸的消息传遍全船,恰巧我们的船正要经过火焰岛驶往别处,经过船长同意,连忙提前起锚开航,直向火焰岛赶去。船速已经开足到最大限度,可我还感到不满足,巴不得张开翅膀一下子就飞到岛上去。我脑袋里像是塞满了稻草,一时理不出一丁点儿头绪来。饭咽不下,连水也不想喝一口,心里真是难受。

"别老是唉声叹气了,你总得吃一点东西呀!要是真的吃不下饭,喝一杯热咖啡填填肚子也好。"老万大叔怪心疼地抓住我的手臂,把我拉进他的房间。那儿,一个放在煤油炉子上的小咖啡壶已经烧得咕噜咕噜的,从壶嘴儿里直冒汽。

我瞅见咖啡壶,忽然想起一个好主意,"嗵"的一拳打在桌面上,震得煤

063

油炉子往上一跳,险些儿把滚烫的咖啡壶震翻。

老万大叔一惊,瞪起眼睛,莫名其妙地望着我。

"瞧这只咖啡壶吧!"我对他嚷道,"要是没有壶嘴儿排气,闷在里面的蒸汽早就把盖子冲掉了,火山不也是一样的道理吗?"

"你说些什么,火山和咖啡壶一个样?"老万大叔还没有悟出我的意思。

我急了,一拳擂在他的胸脯上,顺着势头扑上去,伸出两只手轻轻摇晃他的肩膀,说道:"哎,大叔呀!您的脑袋怎么这样不开窍?要是给火山也安一个'壶嘴儿'……"

"啊,原来是这么一回事,真亏你想得出来。"老万大叔这才恍然大悟,高兴得抿嘴直笑。

第二天一大早,船到了火焰岛。当我听见这个消息时,只以为大难临头,岛上一定是乱哄哄的。谁知,船一靠码头,见到的第一个景象,却是一个白胡子老头儿,嘴里衔着旱烟杆,坐在海边的一个大石块上钓鱼。瞧他那副悠然自得的模样,仿佛是在度过一个愉快的假日,根本就没事儿似的。

"喂,老人家……"我刚喊出声,想向他打听火山爆发的消息,他却赶忙在嘴唇边竖起手指头"嘘——",并向我投来一道严厉的目光,显然是要我闭上嘴,免得把鱼儿惊跑了。

我跳上岸,很有礼貌地向他探问火山爆发的情况。他这才得意地眨了眨眼睛,指着衔在嘴角边的旱烟杆,用含糊不清的语音对我说:"放心吧!这件事早就有了安排,已经给火山也装上一根'烟杆'了。"

"烟杆?"我一怔,难道岛上的居民也想出了和我同样的主意?我正想问个明白,老人却又开口了:"这是火山研究所的老教授安排的。他计算出爆发的时间,从月球上发回电报通知了我们。"

"为什么几天前这儿还是乱哄哄的?"我想起了报纸上的那段新闻。

老头儿笑了,说道:"那个时候我们还没有收到电报,不知道该怎么办啊!"

他的话很快就得到了证实,看来岛上的人们真的都已经吃了"定心丸"。我注意到,尽管像通常的火山喷发前兆似的,地面微微颤动,一些地方绽开了裂缝,涌出了大股大股的温泉水。山坡上的树木,也像是被风刮得不住摇晃着,许多牲畜没命似的到处乱窜,养鸡场里的纯种母鸡全都扇动翅膀,飞到木栅栏和屋顶上,一切都显示将有一场重大的地下风暴来临,但是人们却都表现出异常的沉着,丝毫也不在意。一些顽皮孩子还跳着闹着,在动荡不定的旷地上互相追逐、摔跤玩耍,比过节还开心。

"前几天,大家的确很害怕。"一个居民向我解释说,"后来收到了火山研究所的老教授从月球上发回的电报,叫我们在火山肚皮上插一根排气管。把热蒸汽放出来,就再也没有危险了。"

"要是管子没有安好,把岩浆也捅出来了,怎么办?"老万大叔还有点不放心地问。

"让它流吧!老教授指出了安装排气管的地点,即使岩浆流出来,也挨不着工厂和居民区。流下海去,还可以给我们再扩大一些土地面积呢!"

他非常热情地带领我们绕着火山转了大半个圈子,走到山背后。果然看见一根新装上的大排气管,很像咖啡壶的壶嘴,也像衔在钓鱼老头儿嘴巴上的旱烟杆。一股股夹杂着硫黄气味的黄烟从管内翻涌出来,冲上了明净的天空。

"这样会造成环境污染的。"老万大叔皱着眉头说。

"不,"那个不相识的朋友解释说,"根据老教授的安排,再过些日子,就要在这里安装一台地热发电机。除了发电,气体里的硫黄和别的有用元素,还可以想办法提炼出来。"

"火山爆发的警报呢,是不是真的解除了?"老万大叔踩着还有一些微震的地皮,提出最后一个疑问。

"这还需要再提起吗?"我们的朋友笑了一下,流露出满不在乎的神气。

我站在一旁,没有参加他们的谈话。抬头望着从插在山半腰的排气管里喷吐出来的滚滚浓烟时,不由舒心地笑了,顺手掏出手绢,擦干了额角上的汗珠。

借 岛 记

一、胖生产主任的烦恼

我在吕泗港的海员餐厅里,结识了一个心事重重的大胖子。他是当地水产公司的生产主任,老万大叔的好朋友。他神情恍惚,独自坐在一个僻远的角落里,等待着服务员给他送菜来。他用手托住下巴,一双眼睛直勾勾地盯住对面的墙壁,对周围的一切毫不在意。仿佛那些动人心弦的音乐和水手们欢快的谈笑,都是发生在另一个星球上的事情。

我跟在老万大叔的后面,一走进餐厅就瞧见了他。

"喂!老朋友,好久没有在海上见面了。"老万大叔热情冲动地呼嚷着,在他的肩膀上重重拍了一巴掌。他这才从沉思中惊醒过来。脸上浮起笑容,眸珠里闪烁出一抹惊喜的光芒,握住老万大叔的手使劲摇。

可是只在一瞬间,那道倏忽一现的光彩又在眼睛里消失得无影无踪了,面孔上又蒙上了一层恍惚不定的神色。一会儿像是在挺认真地听话,一会儿却又答非所问地胡扯。他的视线从老万大叔的脸上移到天花板上,漫无目的地瞟了一阵子,又颓丧地从天花板上荡了回来。

老万大叔递过菜单,请他点一个菜。他却目光呆滞地凝视着对面的墙壁,用十分平板的语调轻轻吐出几个字:"小黄花鱼。"

我坐在旁边,瞅着他直纳闷。心想,他会是在盘算一件什么了不起的事情呢?看他那副丢魂失魄的样子,好像不是在点菜,倒像是在十分机械地随口念诵一句咒语。

没有一会儿,服务员把一盘香气扑鼻的红烧小黄花鱼端了上来。他这才像是彻底清醒了,瞪大了眼睛望着这盘鱼,发现自己在无意识中点了这样一份菜,感到非常惊讶。

"小黄花鱼真狡猾呀！"他用筷子夹了一块涂满了酱汁的鱼肉，盯着那条早就不会动弹了的鱼，十分感慨地说。

老万大叔发觉他的话里有话，存心挑逗他一下，故意提高了嗓门，装作不理解似的说："嗬！你说什么，已经煮熟了的鱼难道还会玩弄诡计不成？"说完了见他没有反应，又笑呵呵地在他的肩膀上拍了一巴掌，说道："放心吧！老伙计，它绝不会从你的嘴巴里溜掉的。"

这一巴掌可把胖主任的话匣子给砸开了。

"我说的不是这个，"他手指着盘子里的红烧鱼，怪不好意思地申辩道，"我们设计了一种新式捕鱼机，可是渔场里的小黄花鱼老是不上钩。"

这时，他才一五一十地把憋在闷葫芦里的话全都倾吐了出来。原来，他们公司利用鱼类趋光与合群的本性，设计了两座机器浮岛，从两边拼拢在一起，中间只留一条狭窄的巷道，巷道末端装置了诱鱼的灯光、传声器和一台环臂捕鱼机。闪烁的灯光在水下可以像磁石般吸引鱼群，传声器里还能发出一阵阵"吱吱"、"咕咕"的黄花鱼招群的声音。按照他们的设想，那些徘徊在海上的鱼群准会争先恐后地挤进巷道。这时只消开动装有许多长手臂的捕鱼机，就能把成吨的活蹦乱跳的鱼儿一网网捞起来啦！浮岛上有加工车间，使用现代化的设备自动刮鳞剖腹，可以直接把美味的鱼肉装进罐头，贴上商标，马上运走，这比传统的灯光围捕法好多了。

可是，这条锦囊妙计却功亏一篑，不能实现。想不到那些不算太笨的小黄花鱼一眼就识破了他们的计谋。它们从未见识过这种新式的机器浮岛，怀疑这个嗡嗡发响的笨家伙没有安什么好心眼儿。虽然对巷道里的灯光和神秘的招群声音感到好奇，却只是徘徊在外面，不敢冒失地游进去。它们可不情愿白白牺牲最宝贵的生命，傻头傻脑地钻进滚沸的油锅里去啊！

得用一个法子把机器岛伪装起来。

用污泥把隐没在水下的钢铁岛身涂抹起来？不，软泥在钢板上根本就粘不住，不用一会儿，海水就会把它们冲洗得干干净净。而且即使给浮岛涂上一层保护色，嗡嗡发响的引擎也会暴露自己，出卖水产公司的利益，使胆小的鱼儿不敢游过来。

如今立春刚过去不久，一年一度最盛大的捕鱼春汛①不消一个月就要在这儿开始了。在黄海南部和温州湾附近越冬的小黄花鱼群，都会回游到吕泗洋面，像乌云一样遮满大海，它们在这里逗留到五月或六月，然后再成群地回游到远海的越冬地去。在这为时一百多天的盛大鱼汛里，平常的捕获量几乎就占全年的一半左右，是最宝贵的"黄金季节"，如果浮岛能够骗住那些机灵的小黄花鱼，产量必定会增加许多倍。

用那位满面愁容的胖生产主任的话来说，就是："在这春汛一刻值千金的时候，眼睁睁瞅见成千上万吨的鱼肉在鼻尖下面大摇大摆地游走了，而我们的新发明还像一堆废物扔在码头上，怎么不教人心急火燎呢？"

二、"卡墨洛兹"

胖生产主任所说的情况，的确是一个十分棘手的问题，我和老万大叔都被吸引住了。我翻来覆去不停地想着，想找出一个解决困难的办法。我胡思乱想了一阵，不禁脱口说出声来："嗨，如果能找到两座青枝绿叶的小岛，代替机器浮岛就好啦！"

想不到这句随便说说的话，竟引起了强烈的反应。

老万大叔陡然变得容光焕发，兴致勃勃，使劲一巴掌拍在桌子上，把酒杯、筷子和菜盘都震得跳了起来。他用整个餐厅都能听见的大嗓门叫嚷道："阿波，你说得对。咱们到海上去拖回两个小岛来，不就解决问题了吗？"

餐厅里所有的人都回过头来看着他，不知道发生了什么事情。就是连我也估不透他的闷葫芦里究竟装的是什么药，疑心自己是不是听错了。正在喝汤的胖生产主任放下勺子，张大了嘴巴，用怀疑的目光直瞪瞪地望着我们，疑惑我们两个人是不是被窗外溜进来的海风吹得头脑有些不正常。

① 由于鱼类回游的季节不同，我国东海上在一年内可分几次捕鱼"汛期"。其中，以3—6月的"春汛"最重要。

这时，老万大叔可起劲了，毫不理会坐在一旁直发愣的那位胖生产主任，像孩子似的冲着我兴高采烈地问："喂，你还记得阿根廷的'卡墨洛兹'吗？"

这一下，兴奋的冲激波也击中我了。我高兴得从座位上跳了起来，险些儿把桌子连同那盘惹是生非的红烧黄花鱼一起弄翻了。

哎，怎能不记得"卡墨洛兹"呢？在当地的土话里，这是一种天然的绿色浮岛。在阿根廷的拉巴拉他河上，常常有许多树木从上游冲下来。有一些停积在河边和沙洲上，日久天长，上面渐渐沉淀了一层泥土。风吹带来了种子，长出一些小树和灌木。相互交叉缠绕的树根和藤萝像是一张结构紧密的网，把它们编织在一起，从外表看，好像是陆地的一部分。顽皮的河水时而冲来一些泥沙，扩大它的面积，时而又从水底悄悄刮掉一块，使这片虚假的棕色土地咯吱咯吱地摇晃起来。等到它玩腻了这种游戏的时候，便会在一次汹涌澎湃的洪水季节里，把整座浮岛从岸边连根拔掉。像玩弄一片落叶似的，把它带进河心打着漩儿，一直冲带到大海里去。

这种天然浮岛有大有小，大的有好几百米长，长满了热带的棕榈和胡椒树，住几十户人家还绰绰有余呢！

我还十分清楚地记得那次开往阿根廷的航行。当我们的向阳号缓缓驶向海岸的时候，突然在前方的航道上瞥见了一座绿油油的小岛。在海图上，这里是一片汪洋大海，根本就没有什么岛屿。我吃了一惊，连忙伸出手使劲拭一拭眼睛，怀疑是不是看花了眼。

"这是人们传说的'幽灵岛①'吗？"我问站在身边的老万大叔，他不以为然地摇了摇头。

"是海市蜃楼里的幻景？"

他又摇了摇头。

我不住地眨巴着眼睛，还想再猜一猜，老万大叔不说一句话，顺手把自己的望远镜递给我。我赶忙贴着镜片往远处一看，这才看清楚了，岛上有许

---

① 幽灵岛是一种在海上时而出现，时而又消失的怪岛。

多大树，果真是一座岛。更奇怪的是，它并不固定在一个地方，却随着水波一起一伏地向我们漂来。没有一会儿，就像是一艘迎面驶来的大船，从我们的船舷边闪过去了。

我们的船鸣了一声长长的汽笛，警告后面的船只，小心遭遇危险。当我还目瞪口呆地转不过脑筋的时候，从那水上丛林里惊起了一群白色的水鸟，吱吱喳喳地鸣叫着，从我们的头顶飞过。似乎要用它们的叫声和优美的飞行姿势来向人们证明，这里发生的并不是一场幻景。

老万大叔现在所说的，就是这种像水鸭子一样，可以在海上漂浮的天然浮岛，这的确是一个好主意，如果真的能够找到两座"卡墨洛兹"，别说是小黄花鱼，就是海龙王亲自来，也准会上当。

"好啊！"我对胖生产主任说，"只消给我们两根绳子，到阿根廷去给你拖两座'卡墨洛兹'回来就行了。"他听了我的解释，脸上的愁云立刻就一扫而光，眉开眼笑地站起来和我握了一下手，仿佛已经站在"卡墨洛兹"上，将小黄花鱼大把大把地抓到自己的手掌心里了。

想不到老万大叔却嘲笑似的瞟了我一眼，说道："你想得倒是怪美的！仔细算过没有？从阿根廷回来得要多少时间？捕鱼'春汛'早过了。而且'卡墨洛兹'又不是现成的，你有把握准能找到吗？"

他这么一说，我的心冰凉了，胖生产主任也傻了眼，不知道该怎么办才好。而老万大叔却不慌不忙地眨了眨眼睛，挺神秘地对胖生产主任说："别着急嘛！保证不误时间，送你两座天然浮岛就是了。"

他说的话是什么意思？我想了又想，一时也弄不明白。

三、从香洲公社带回的礼物

这一次，我们的航行目的地是汕头港。在航行途中，我一次又一次焦急不安地提醒老万大叔："喂，您答应吕泗水产公司的事情该怎么办？"他却总是衔着大烟斗在甲板上慢吞吞地散步，像是压根儿就把这件事给忘记了。有一次把他催急了，这才故作神秘地眨了一下眼睛，对我说："你以为

喂，大海——一个水手讲的故事

'卡墨洛兹'只是南美洲的土产吗？哼，你才想错了呢！"

"难道广东也有这种浮岛，为什么以前我没有见过？"

"别急嘛！到时候你就知道了。"他取下烟斗，悠闲自在地朝天空喷了一口浓烟，又挺神秘地对我挤了一下眼睛。

这到底是怎么一回事？瞧他那副神气，像是已经打定了主意，不到时候决不把真情告诉我。

船到了汕头港，趁装卸货物的空隙，老万大叔招呼我说："走吧！我早就发了电报：借两座浮岛。现在咱们去拖回来。"说着就紧紧拉住我的手，登上码头边的一艘汽艇，直朝郊外的香洲人民公社驶去。

汽艇绕过一道岬角，海湾边上的公社就遥遥在望了。我刚朝那边看了一眼，就不由惊奇得发呆了。只见远处近处，水面上到处漂浮着一片片巨大的莲叶似的绿色浮岛。走近一看，才看清楚，原来是一块块种满了蔬菜的水上菜园。这些"菜园"前后系着锚链，在水上荡来荡去，真的和阿根廷的"卡墨洛兹"一模一样。

"瞧，要是我的朋友，那位胖生产主任得到这种水上菜园，该会满意了吧？"老万大叔斜着眼睛瞟了我一眼，十分得意地说。

那还用说吗？海上的小黄花鱼群遇着它，准会上当。但是我还有一个问题不够明白，便向正在浮岛上种菜的一位农民请教："请问，这都是从大河里冲出来的吗？"

"不，"他见我对这儿的情况不熟悉，耐心向我解释，"这种水上菜园，一千多年以前就有了，古时候叫'葑田'。因为这里的田地不多，咱们的老祖宗才想出这个好办法，在木筏上面堆土种庄稼，它们全都是人工制造的。"

哈，这真是太妙了！比"卡墨洛兹"好得多，怪不得老万大叔这样有把握。

汽艇驶到公社门口，一个工作人员走出来，手指着停靠在岸边的两块水上菜园对我们说："你们要的浮岛早就准备好了，外加几千斤鲜嫩的蔬菜，是送给渔民老大哥的礼物。"

我们谢过了他，用汽艇拖着这两座宝贝人造浮岛，心满意足地返回港口。向阳号货轮也已经把货物装卸完毕，于是立即拖带着浮岛向外海驶去。按照规定的航程，两天就可以到达吕泗港，到时候我们就可以把它们如数点交给那位焦急得抓耳搔腮的胖生产主任啦。

谁知，途中天气突然变了。一团团浓密的乌云像波涛一样在天空中汹涌翻腾，随着疾风横扫过头顶，血红色的太阳周围镶了一圈异样的晕彩，这是暴风雨将要来临的特有预兆。我站在颠簸不定的甲板上暗暗发急，担心会不会延误航程。

天黑以后，海上的风越刮越紧。黑糊糊的云块，把整个天空都密密实实地遮掩住，不留一条缝隙，哪怕一丁点儿星光也休想透过。大海凶野地动荡着，瓢泼似的雨水劈头盖脸地对着我们浇下来。在黑暗里，只见拖在船后的两块水上菜园一起一伏地在水上扑腾着，情况十分危险。

"让我过去看一下，再加一条钢缆绳，把它们捆绑结实一些。"我对船长说。

"你疯了！"船长大声吼叫起来。

"风浪这样大，再不加固不行了。可不能把新发明扔在一边，眼睁睁错过了捕鱼春汛啊！"我再一次向他陈述意见。

"危险啊！……"他沉思似的皱着眉头自言自语地说。我跟他纠缠了好半天，这才勉强同意经验丰富的老万大叔带领我划着小艇过去看一下。

浮岛像一张树叶似的在水上打着漩儿，并不住地上下翻腾。在上面稍一走动，脚下就"咯吱，咯吱"地直冒水。看来情况非常不妙，这两片不结实的"土地"要被大海吞没了。

我们使尽办法，增加缆索，把它牢牢缚住；铲掉一些泥土，减少它本身的重量。可是这一切手段全都没有用，一座浮岛上已经裂开了一条缝，我刚掏出钢丝和扳钳，准备在裂缝的地方加固一下，风浪就猛地从侧面打过来。我还没有弄明白是怎么一回事，就连同浮岛一起被抛下大海了，好不容易才在老万大叔的帮助下爬上另一座浮岛。回头一看，刚才我置身的那座浮岛已经连同上面的全部蔬菜，在海上消失得无影无踪了。我周身湿淋淋地坐在黑暗里,十分懊恼地对老万大叔说:"好不容易才借了两座浮岛,弄沉了一座,怎么对胖生产主任说,又怎么还给香洲公社呢?"

"放心吧!"老万大叔心疼地把我搂在怀里,安慰我说,"离开香洲公社的时候,我向他们学习了造岛的方法。船到吕泗港,咱们重新造一座就得啦!"

"太好了!"我高兴地喊了起来,一面又不住埋怨他说,"哎,大叔,为什么您不早对我说呢?早说,也不用费这样大的劲儿来保它们了。"

"我是担心刚学来的手艺,造出来的浮岛质量不够好。再说,也不能辜负香洲公社农民兄弟的心意,把这许多蔬菜都白白扔掉了呀!"

尽管雨还下得很大,狂风鼓着海浪还在不住地施威,我却偎依在老万大叔的肩上宽心地笑了……

四、海上虎影

那天晚上,我和老万大叔把剩下的那座浮岛加固以后,回到船上休息,做了一个奇怪的梦。梦见在吕泗港外的海上渔场,用葡萄藤和玫瑰花枝编了一座漂亮的浮岛,乐得那位水产公司的胖生产主任笑眯了眼。水底的小黄花鱼贪吃葡萄,都被玫瑰枝上的尖刺勾住了。我把它们一条条拾起来的时候,想不到都变成了香喷喷的红烧鱼。

"哈,阿波,你造的浮岛真妙。抓起来的鱼,不用加工,就可以直接装进罐头。而且还有这么多的玫瑰花和葡萄,孙悟空的花果山也没有这样好。我代表水产公司,向你再定购五十座,还要请你到电视台去介绍经验哩!"胖生产主任满面堆着笑容对我说。

"好啊!"我坐在玫瑰花丛里,一面大嚼刚从海里捞起来的红烧鱼,一面满不在乎地回答他,"别说五十座,就是一百座,我也可以一个晚上造出来。"

这样的梦境实在太甜蜜了,比浮岛上生长的葡萄汁还甜,我巴不得在梦里多泡一会儿。但是却绝对想不到,还来不及在现实生活中显示一下我的技巧，一座真正的青枝绿叶的小岛就趁我还在睡梦中，悄悄出现在身边了。

我在梦中被一阵嘈杂的喊声惊醒。

"瞧，一座小岛。"

"它还在漂呢！"

"老虎，老虎！……"

"……"

这是怎么一回事？我连忙从床上跳起来，拭了拭眼睛，往舷窗外面一看。嗬，可了不得！距离我们的船舷边不过二三十米远，有一座长满棕榈树和杂草的浮岛，正趁着风势朝我们的大船冲来。使我感到万分惊奇的是，岛上的树丛中居然藏着一只花纹斑斓的老虎。也许它被眼前的惊涛怒浪激怒了，在岛上跳来跳去大声咆哮着。瞧见咱们的船，就张开血盆大口，做出要扑过来的样子。

有人握住篙杆准备把它推开，有人出于自卫，端起枪要打死老虎。我一见，却忽然灵机一动，快步奔上甲板，阻挡住他们，大声喊道："别动！这是送给吕泗水产公司的礼物。"

"你说什么，难道要老虎下水去抓鱼？"伙伴们惊奇地问我。

我摇了摇头，说出自己的主意："丢了一块水上菜园子怪可惜的，就把这只老虎送给吕泗港的动物园，作为补偿吧！"

听了我的话，大伙儿都点头称是。连忙七手八脚地抛出几根活套索，把岛上几棵最粗的棕榈树拴牢，拉在货轮后面，和剩下的那块种满蔬菜的浮岛一起带走。

但是我们还有一些不明白，这个奇怪的浮岛和老虎是从哪里来的？难道昨夜沉下海去的那座浮岛在海龙王的宫殿里梳妆打扮了一下，又重新浮起来了？

"不，"老万大叔说，"这是和美洲的'卡墨洛兹'同样的天然浮岛。在森林稠密的热带和亚热带地区都很容易生成，昨天晚上的风暴，把它刮进大海,送到我们这里来了。"

哈,我可明白啦!那只倒霉的老虎,不消说必定是刚踏上这片没有根基的土地,就成了风暴的牺牲品了。

不久,风暴停了。我们像是海上的马戏团,拖着一座载运着那只暴跳如雷的老虎的绿色"舞台",和另一片生长得非常茂盛的水上菜园,缓缓驶进了吕泗港。

码头上欢迎的人群感到非常惊奇。那位闷闷不乐的胖生产主任一下子就精神焕发了。瞪大眼睛瞅瞅那片鲜嫩翠绿的菜园子,又回过头来瞧着那只在棕榈树丛中跳跃不停的花斑猛虎。紧紧握住老万大叔和我的手,疑惑不解地探问道:"你们是魔术师,还是猎人,怎么逮了一只活老虎回来?"

是的,如果我们不解释清楚的话,也许他永远也不会明白。因为在他大半辈子的捕鱼生涯里,还从来也没有在海上见过老虎呢!但是,他是高兴的。在那一年的捕鱼春汛里,捞起的鱼儿比往年多好几倍。狡猾的小黄花鱼终于上了浮岛的大当,一群接着一群,乖乖地挤进了两座岛间的狭窄巷道,一直朝早就为它们准备好了的罐头盒子里游去了。

故事就在这儿收场了吗?

不,由于老万大叔和我们创造了这样的海上奇迹。从那时起,我们就接连不断地收到了许多来自沿海各地的信件,纷纷要求"预订"新的小岛。有的要修建海上城市,有的别开生面,要举办一次水上夏令营,甚至有一个单位一口气就提出来要十万座浮岛,准备将它们铺满整个渤海湾,只在水面留出几条轮船通过的航道。按他们的话来说,这是"向大海要田,发展新型农业,作物产量一下子就可以翻好几番"。

老万大叔看了这些信,开玩笑地对我说:"阿波,看样子我们不用当水手了,满可以去开办一家'海岛制造工场',专门零售和批发各种式样与不同大小的海岛啦!"

航道上的磷光

一、海上的蟋蟀叫声

有一天夜晚,我在船上做了一个梦。梦见我回到了遥远的童年时代,夜色朦胧中,我和一群小伙伴在故乡的菜园子里捉蟋蟀。黑暗中只听见一阵阵"咕咕,咕咕……"的叫声,搅得人心里痒痒的,却一只也逮不住。我一急,醒了,伙伴们和那熟悉的故乡景色全都不见踪影了。原来我还是睡在小铁盒子一样的水手舱里。我的脑袋挨着墙角落,枕头抛在一边,刚才的一切只不过是一场捉弄人的春梦罢了。

可是,使我感到非常奇怪的是,为什么耳朵边上还在不住地响着"咕咕咕,咕咕咕"的声音?难道梦境是真实的,或是在舱房里真的藏着几只小蟋蟀?

再仔细一听,声音是从舱壁外传来的,仿佛那儿不是汪洋大海,倒像是我们的轮船长了翅膀,飞到了菜园子里。那个神秘的声音时而高,时而低,时而远,时而近,简直和旷野草丛里的昆虫鸣叫声一模一样。

我迷迷怔怔地弄不清楚到底是怎么一回事,连忙唤醒睡在旁边直打呼噜的老万大叔。他睁开惺忪的睡眼,摇了摇头,表示没有听见。

"不,我不骗你。你听,它就在这儿。"我手指着脸旁的舱板,对他说。

老万大叔见我一本正经的样子,不由惊异地扬起了眉毛,他慢慢撑起身子挨过来。半信半疑地把耳朵贴着钢铁舱板,眯起眼睛细细听了一阵,"噗嗤"一声笑了,对我说:"嗨,我说这是活见鬼嘛,海里怎么会有蟋蟀?原来是小黄花鱼啊!"

经他这么一提,我才猛然想起,小黄花鱼的确能从鳔里发出声音。雌鱼"喀喀喀",雄鱼"咕咕咕"。有经验的渔民常常根据声音的不同和声调高低,分辨出鱼群的性别、数量和距离的远近深浅。我的脑袋必定是睡糊涂了,才错把它们当作了菜园子里面的蟋蟀。

可是,为什么一下子有这许多小黄花鱼聚集在一起呢?好奇心驱使我打开床前的小圆窗,向外面探望。

窗外的大海十分平静,水面上有一片柔和的微光不住地闪烁着。透过它,可以看见成群结队在水下来回浮动的鱼影。非常明显,兴奋得咕咕直"叫"的小黄花鱼群就是被这种神秘的光吸引来的。这不是星光、月光和从船舱里透映出去的朦胧灯影。那么,这是一种什么亮光呢?

"这是'海火'。"老万大叔说。看起来他对这一切一点也不感兴趣。说着,伸了一个懒腰,又倒在床上呼呼睡着了,把我独自冷清清地撇在黑暗里。

"海火",我知道,它是一些浮游生物散发出来的微弱亮光,夜光虫、多甲藻、裸沟鞭虫和红潮鞭虫等,都有这种特殊的本领。显然,我们的船正在穿过一个浮游生物密集分布的海区,这些浮游生物受了不住翻滚散开的船尾浪的刺激而大放光明,于是把鱼群吸引过来了。

再一看,船身上也粘了不少发光的浮游生物,有一些鱼划开波浪没命似的追了上来。在它们的心里,也许把咱们的船也当成一个大发光体呢!

瞧着这副景象,我不由转了一个奇妙的念头:如果能利用船身上的亮光来引诱鱼儿,让它们跟着轮船往前游,丝毫也不增加货运量,岂不就可以白白得到许多吨鲜鱼?

这一次,我们的船正要驶向吕泗港,我决心要送给我们的老朋友——那位整天牵挂着鱼儿的胖生产主任一件意外的礼物,让他大吃一惊。

为了加强效果,我连忙从贮藏室里取了几块夜间通讯用的荧光板悬挂在船边,以便吸引更多的鱼。

荧光板果然发挥了作用。当我走回房间,重新躺在床上,把耳朵贴着舱壁一听,"呱呱,咕咕"的声音更加嘈杂了。

我闭上眼睛,心满意足地睡了一大觉。指望明天一大早,船到吕泗港的时候,就把这批鲜鱼当面点交给水产公司。

二、"光船借鱼"

第二天拂晓时分,向阳号准时到达了吕泗港。水产公司的胖生产主任果然站在码头上,准备验收货物。我瞧见他忙碌了一阵,检验完货物,关上记事本,正要往回走,急忙走上前去招呼他说:"喂,快去点收小黄花鱼!"

"小黄花鱼?"他感到莫名其妙地瞅着我,"发货单上并没有这一笔货物啊!"

"不,这是送给你们的一笔额外的礼物。"我不由分说地拉住他,直往船尾走去。他一时摸不着头脑,只好跟着我走。周围看热闹的人也吵吵嚷嚷跟过来。只有老万大叔含着古怪的微笑,独自一声不响地站在一边。

我带领着他们兴冲冲地赶到船尾,满以为只消伸下手去一捞,就可以抓起几条活蹦乱跳的大鱼来。谁知水下空荡荡的,一点动静也没有。有个热心的人抛网下去,也没有兜上一条鱼来。

"你的小黄花鱼在哪里?"胖生产主任有些沉不住气了。

我搔了搔脑袋,弯下身子再仔细一看。可不是,荧光板还吊在水下隐隐约约闪着微光,但是蓝玻璃般的海水里,除了轻轻荡起一片浪花以外,果真一条活鱼也没有。

"也许人太多,都给吓跑了吧!"我哭丧着脸,结结巴巴地回答说。

"别胡诌了,你的这套把戏别当我不知道。你的那些鱼儿早就甩在轮船后面,在这里怎么能够找到呢?"人丛中传来老万大叔的声音。

"嘿,小伙子,你这是在'刻舟求剑'嘛!"当胖生产主任弄明白是怎么一回事的时候,也笑呵呵地半像嘲讽半像教训我似的说。跟着,码头上所有人都笑起来了。

这一笑,羞得我满脸通红,张大了嘴巴一句话也说不上来了。胖生产主任邀请我和老万大叔到海员餐馆去吃早饭。这一次,可轮着我握住筷子坐在那儿发呆,听他们海阔天空地欢声谈笑了。

似乎为了安慰我,胖生产主任特意又点了一份红烧小黄花鱼,用筷子夹了一大块油汁直滴的鱼肉放在我的碗里,对我说:"别难受啦,谁不出一点漏子? 瞧,这是上次你们带回来的人工浮岛抓的鱼。告诉你一个好消息,有了这对浮岛,我们年年都增产了。"

提起浮岛,我的精神就来了,回过头来反问他:"浮岛上的捕鱼机把所有的鱼都捞起来了吗?"

"这怎么可能呢?"他摇了摇头,"就是鱼都游进来,浮岛上也装不了那样多啊!"

"说得是,这就是我设想的荧光板捕鱼的妙处了。要是浮岛加上荧光板,准能捞上百分之八九十。"

"荧光板的办法不是失败了吗?"他有些不理解。

"这次失败的原因在于速度,"我对他说,"如果船速不要太快,鱼群就能跟上来。"

胖生产主任一时还不懂得我的意思,老万大叔的眼睛一亮,哈哈笑起来了,对糊里糊涂的胖生产主任说:"成啦! 我给阿波打保票,你给一只小船,今天晚上咱们一起出海演'草船借箭'去。"

"不是'草船借箭',是'光船借鱼',向龙王爷多借一些小黄花鱼。"我补充说。

三、奇妙的荧光板

那天夜晚,我们趁着月色划了一只小船,真的在迷迷茫茫的大海上演了一出"光船借鱼"。老万大叔兴致勃勃地提了一大串煮熟的螃蟹,烫了一壶酒,拉着胖生产主任的手说:"走吧,相信阿波的本领。今天晚上他扮演诸葛亮,咱俩当鲁肃,到时候稳稳当当地取'箭'好了。"

老万大叔还在絮絮叨叨地谈着《三国演义》里面的"草船借箭",我竖起指头警告他说:"嘘——,轻一点。咱们不是向曹操借箭,是在海里捞鱼。惊动了海龙王,鱼儿就不来了。"

为了能牢牢吸引住喜光的小黄花鱼,出航以前我把这只小船拖上岸,仔细清除掉粘附在船底的污泥和海草,喷上厚厚一层荧光粉。又在外面刷了一层透明油漆,不让海水冲掉。我们轻轻划着桨,在两座人工浮岛旁边绕了一个圈子,果真就有许多没有游进浮岛间甬道的鱼儿挨过来了。我们屏住气息,伏下身子,把耳朵贴着舱板一听,只听得"喀喀""咕咕"的鱼声像开了锅似的直响着。月光照耀下,鱼在船边挤得密密麻麻的,少说也有几千斤。

"差不多了,往回走吧!"我悄声对他们说。

我们轻轻划着桨,小船儿在水波上晃荡着,慢悠悠地回到了港口,在那儿,早已张开了几十只大网,趁鱼儿还在迷恋船底磷光的时候,就把它们一古脑儿都捞了起来。

这下子,胖生产主任更来劲了,笑得眼睛眯成一条缝,直催促我:"阿波,再去走一趟吧!把海上的鱼都带回来。"

这一次,我想了一个更妙的主意,在小船后面用绳子拖了十几块荧光板,每块闪闪发光的荧光板都能吸引住一群小黄花鱼。

我们去的正是时候。当船划到了海上,我伏在舱板上一听,在此起彼伏的"喀喀喀","咕咕咕"的鱼声中,还夹杂有一些"嗨哟,嗨哟"的声音,声调越来越低、越传越远。这是小黄花鱼离开渔场,向深海游走时所发出的一种特殊的鸣叫声,预示着鱼群转眼就要转移了。

"快拦住它们!"老万大叔说。我们鼓起劲飞快地把船划过去,拖着一串亮闪闪的荧光板横拦住鱼群的去路。

说也奇怪,正往深海泅去的小黄花鱼像是被磁铁吸住似的,又纷纷游回来,成群结队地绕着我们的小船和荧光板游个不停。

隔着舱板一听,原先那种"嗨哟,嗨哟"招群游走的音调已经消失了。"喀喀","咕咕"的声音却越来越大。我们心满意足地慢慢摇着桨,带着这支奇异的海上"游行"队伍驶回去,鱼群密密匝匝地挤满了港口,几乎使轮船都无法开航了。聚集在岸上的人们欢天喜地地用鱼叉、鱼网,甚至水桶、洗脸盆……一个劲儿地往上舀鱼。

081

我也挤在捕鱼的人群里,干脆脱了上衣、卷起裤管跳下去,站在没膝深的水里用两只手抓鱼。伸下手去,就抓起一条条几斤重的大鱼,心里甭提有多高兴啦!

海上浮筏

一、神秘的汽水瓶

我们的轮船拖运着一批木排,从大连开到塘沽新港去。

开航的那天,天气很热。我执行完了甲板上的任务已是一身大汗,便在码头边的一家小食品店里买了一瓶汽水解渴。

轮船拉了一声长长的汽笛,我赶紧拿着汽水瓶上了船,不一会儿,船缓缓离开了码头,带着一排排红松木筏向海上驶去。我斜靠在船舷上目送着大连港口成排的高大建筑物隐没在碧波后面。喝完了汽水,把半截麦管塞进瓶子,旋紧了瓶盖,随手将瓶子扔到海里去了。

我们的船到塘沽后,又装载了一些货物驶往山东和江苏的几个港口,沿途耽误了许多日子。半个月后的一天早晨,船头划破水波,慢慢驶进了舟山群岛的一个渔港。当我踏着舷梯走上海岸的时候,在微波荡漾的水边无意中瞥见一个空瓶子。拾起来一看,不禁感到非常惊讶。想不到这个瓶子正是我在离开大连时丢下海的那一个,拗断的半截麦管还好端端地装在里面呢!

这是怎么一回事?我使劲咬了一下手指头,怀疑自己是不是在做梦。

明晃晃的太阳光照射在瓶子上,像是嘲笑似的向我闪眨了一下亮光。我用另一只手捂住被咬疼了的手指,狼狈不堪地站在沙滩上,瞅着这个"魔瓶",不知道该怎么办才好。

它怎么赶在我的前面,从大连跑到舟山群岛来了?算算时间和距离,如果它真的有腿儿的话，速度竟接近每昼夜 70 海里^①，真是了不起啊！

这样的速度是难以令人相信的。想不到这个普通的空汽水瓶居然像鱼儿一样，从北向南，在海上游了上千海里，在这儿的海边和我重逢了。这不仅是一件天大的怪事，而且也太巧了。

"要说是巧，倒真有一些巧。不过，这是海上常有的事情，根本就值不得大惊小怪。"老万大叔正好走到我的身边，毫不在意地对泡在水里的汽水瓶瞟了一眼，对我说。

老万大叔的海上生活经验非常丰富，在船上打发的日子，加起来几乎比我的年龄加一倍还多，平常每说一句话，我总是百分之百相信的。可是今天这件事情的确太怪了，心里还有许多疑问，便问他："我还是不明白，为什么瓶子会自己跑到这儿来？"

他听了没有回答，却乐呵呵地一笑，反问我："唉，亲爱的小水手，难道你以为大海像个洗澡盆，海水老是在'盆子'里胡乱晃荡，没有一些儿运动规律？"

"照您说，这不是瓶子自己，而是海水把它冲来的？"我心里还有一些不踏实，迟疑不决地吐出一句话。

"对的，这正是海流玩弄的把戏啊！"他这才赞许似的在我的肩膀上重重拍了一巴掌。

"啊！海流，我怎么会不知道呢？"我一下子恍然大悟，感到自己实在太糊涂，怎么把这种最基本的海洋知识也忘记了。生活在海上的水手们，谁不知道大海里的水流有一定的方向？它们常常受定向风的控制，风往哪儿吹，海水就朝哪儿流。随着季节的交替，有的地方风向变了，海流的方向也跟着改变。所以，大海里像是有许多看不见的"河流"，各自朝着不同的方向，在静悄悄地流淌着。

比如北大西洋的墨西哥湾流。它的水温、颜色，和周围的海水都相差很

083

----

① "海里"是海上的长度计算单位。1 海里=10 链=1000 㖊=1.852 千米。

多。这股海流的深度430呎，宽度从44海里到250海里不等。最宽的地方，从一"岸"到另一"岸"，比北京到河北邯郸的距离还远。最狭处，也有北京和天津之间的一半距离。每昼夜流速200多海里，每秒的流量达到几千万立方米，从美洲的加勒比海，浩浩荡荡地越过大洋，一直流到欧洲北部，北极圈内的新地岛附近，比陆地上任何一条河流都长，水量也大得多。

老万大叔见我有些明白了，才坐下来向我仔细解释。

"海水既然有方向，就和河流一样，也有'上游'和'下游'，它能够把上游的漂浮物冲带到它的'下游'去。"他吸了一口烟，慢悠悠地对我说。

接着，他讲了一个有趣的例子。

1822年，有一个旅行者乘船经过西非的时候，恰巧有一艘运载棕榈油的货船在那里的一个岬角附近沉没了。一年以后，他到挪威最北部的哈默菲斯特去访问，也有和我同样的经历。当他走上海岸，几乎不相信自己的眼睛了。在那堆满砾石的浅滩上，竟有几个有那艘沉船标记的棕榈油桶。它们经历了漫长的途程，早就一动也不动地躺在这儿"等待"着他了。

这位旅行者满怀兴趣地计算了它们的行程。原来，这几只不平常的木桶从非洲西海岸开始，随着南赤道洋流漂过大西洋到达巴西。然后转向北方，在炎热的加勒比海上兜了一个圈子，又随着墨西哥湾流再一次横渡大西洋，最后，来到北欧的挪威，行程超过上万海里。

1493年，哥伦布发现新大陆后，也利用海流的特性，给西班牙的伊萨贝拉女王写了一封信，放进一个空瓶子，希望用这种方法冲带回欧洲。

现在，许多科学家为了研究海流的特性，常常投放一些编号的浮标瓶。这些瓶子像是忠实的侦察兵，把一股股在茫茫的洋面上不容易分辨出的海流踪迹调查得一清二楚。比如1960年6月20日，澳大利亚科学家在佩斯港投放的一个浮标瓶，将近五年以后，居然在美国东南部佛罗里达半岛的迈阿密海滩打捞起来。科学家们推算出它的漂流路线，它曾先后漂过南太平洋、印度洋、大西洋和加勒比海，足足经过了大约2.6万千米。人们通过这些实验进一步弄清楚了几个大洋间的海流联系。

我一面听,一面不由在头脑里产生了一个奇异的想法:"既然海流可以把空瓶子带到很远的地方,能不能不用人们管理,让它自动输送木排呢?"

我把这个主意告诉老万大叔。

"这简直是胡闹!"他大不以为然地摇了摇头。

"为什么?"我有些不服气。

"木排和做实验的瓶子不同,你能保证都平安准时到达目的地吗?请注意,我讲的是'平安'和'准时'。"他加重了语气,把"平安"和"准时"两个词说得特别清楚。

我承认,他的考虑有几分道理,但是我还有些不服气。审慎,是必要的。为了促进科学发展,可也不能老是采取过分审慎的态度呀!

二、投瓶试验

当天晚上,我在船上的俱乐部里向伙伴们说出自己的想法。正在那儿阅报、下棋和看电视的水手们听了我的新奇计划后议论纷纷,有的说这有几分道理,有的半信半疑,也有的根本就不相信。

可是临到末了,尽管还有一些人认为这只能作为科学幻想小说作家的

写作题材，没有什么实际价值，但包括老万大叔在内，都不反对去试一试。

为了用事实来说服固执的老万大叔，并且彻底弄清我国沿岸海流的来踪去影，我决定再在同一地点投放一批浮标瓶。

那一天，我把全船的伙伴都约请到风景如画的大连海滨，买了几大箱汽水，让大家喝个痛快。然后挨着个儿编上号码，还附上一张空白的标签纸，请求拾到它的人们填写上发现日期和地点交给我。把盖子用蜡封紧，像举行新船下水典礼似的，一个接一个扔下海去。眼看它们顺着急流打着漩儿，半沉半浮地越漂越远，这才怀着憧憬的心情慢慢走回去。

想不到，结局竟是意外的成功。一个星期以后，有人从山东半岛最东端的成山角寄回一个瓶子。接着，从青岛、连云港、长江口和舟山群岛等地，又寄回来许多编了号码的浮标瓶。不到两个月，居然收回来百分之七十以上。仅在目的地舟山群岛附近发现的，就有三分之一左右。

这一来，许多原先抱怀疑态度的人都改变了看法，纷纷点头称是。但是，老万大叔还是一股劲儿地直摇头，认为这只是一场孩子气的游戏，根本就谈不上什么实用价值。

"阿波，你想一想，怎么交代那失踪的百分之三十？人民的财产决不允许任意抛弃，你懂吗？"他板起严肃的面孔教训我。

是啊！这的确是一个值得认真考虑的问题。每根木料都需要好几十年才能成材，当然不能像空汽水瓶一样可以随便扔掉。

不过，百分之七十总是一个鼓舞人心的数字呀！我坚信，只要再努一把力，想出一个点子来，必定可以将东北发送的木排准确无误地送到舟山群岛。

我毫不气馁，继续用投放汽水瓶的办法，设法摸清海流的运动规律。只有弄清楚规律，才能想出办法来。

第二次试验，到达舟山海区的有百分之六十七；第三次，百分之七十二；第四次，百分之八十四，平均成功率超过了百分之七十三。正当我处在兴奋的顶点,准备给海运局写一份详细的报告,建议试放一个自动漂流的木排时,一个无情的事实迫使我不得不暂时中止自己的试验。

事情是这样的:我在大连第五次放下海的汽水瓶,它们在岸滩外面漂流了一阵子以后,一个不少地又回到了岸边。有的被潮水冲到沙滩上,有的在水边挤成一团,不停地在浪涛里上下晃荡着。它们一个个在波光浪影里闪烁着亮光,像是嘲笑似的对我直挤眼睛。

我看看大海,还是和从前一样,碧蓝碧蓝的,到处翻卷着浪花,看不出有什么特殊的变化。我抓耳挠腮地琢磨了好半天,也想不出这到底是什么原因,十分懊恼地一屁股在沙滩上坐了下来。

"难道海流改变了脾气,真的就没有什么规律可循?"我自言自语地说。

这时,正好有一个渔民走过来,瞧见我对着水边的一大堆瓶子发愣,他问明了原因,笑呵呵地对我说:"别忘了季节!现在正是东南风盛行的时候,海流改变了方向,哪会再把瓶子冲出海呢?"

嗬,原来是这样一回事,说穿了多么简单。

我记起了老万大叔所讲的,海流总是由风吹动的。如今季节变了,风向也变了,还想把瓶子冲到舟山群岛去,当然不行啰!

我明白了原因,灵机一动,脑瓜子里又冒出一个新主意:要是能利用季风和海流方向的变化,冬天把东北的木筏漂送到华东地区,夏天又把南方的竹筏带回来,这样就能节省许多艘马力强大的水上拖轮,无形中就等于平白增加了一支永远也不休息、也不需要维修和耗费宝贵燃料的船队,这该有多好!

可是,当我回到船上,把这个想法告诉老万大叔,他仍有些不以为然,坚持说:"安全,必须要百分之百的安全。如果只是为了节省一些运费,而不顾可能会丢失的木排,这不等于捡了芝麻,丢了西瓜?"

我听了,不由自主地耷拉下脑袋,但是心里还有一些不服气,难道真的不能依靠海流把木排百分之百地送到目的地?

三、我"失踪了"

为了要解决这个问题,我决心亲自乘坐一只木排从大连漂往舟山群岛去,看海流到底玩的什么鬼把戏。

"你会被大海吞掉的!"老万大叔阻挡我说。

"不,百分之七八十的汽水瓶能漂到目的地,我多半也会顺利登陆。"

"想一想剩下的那些瓶子吧!要是你也像它们那样失踪了,怎么办?"

其实,这种可能性我早就估计到了,笑了一笑,回答他说:"大叔,这正是我想要调查清楚的问题呀!"

"什么,你想在海上'失踪'!到时候叫我们怎样向你的妈妈交代?"他惊奇地瞪大了眼睛,紧紧抓住我的手臂,像是担心一个波浪卷来,立时就会把我冲得无影无踪似的。

我没有回答,只是含着笑,微微地点了点头。

这一来,可了不得啦!船上的伙伴们都拥了上来,七嘴八舌地纷纷向我解释,什么风浪大啦,鲨鱼吃人啦,淡水和粮食不足啦……归结起来一句话,就是海上充满了危险,决不能骑跨在几根光溜溜的漂木上去蛮干。

"要是我把粮食和饮水都准备充足了呢?"我反问他们。

"这照旧保不住可能会被冲走啊!"

看来话不投机,我和这些过于疼爱我的伙伴们再也说不下去了。大家都紧绷着面孔,霎时间出现了一阵令人感到十分尴尬的沉默。想不到在这个节骨眼儿上,站在旁边一直没有开腔的船长却插话了。他说:"阿波的计划是有意义的,只要加强安全设备,倒不妨试一试。"

他所说的"安全设备",其实简单极了。让我穿上救生衣,再在木排四周钉上一道栏杆,防止波浪把我冲走。最关紧要的,是配备一台轻便无线电收发报机,随时和大船通话,报告自己所在的方位。以便一旦木排偏离航线发生危险时,大船就立刻赶来营救。

当深秋来临,西北季风重新盛行的时候,海水从辽东半岛顶端滚滚翻翻地直朝南方的远海涌去。我跨上一个红松木排,向伙伴们挥手告别,准备任随汹涌的海流把我冲带到开阔的洋面上去。

临行的时候,老万大叔塞给我十几瓶汽水,怪慈祥地对我说:"收下吧!留着在海上解渴,喝完了,扔到海里作浮标瓶,看它们和你,到底谁先漂到舟山群岛。"

陆地渐渐在我的身后消隐了,风催赶着波浪,在木排四周哗啦哗啦地作响,我戴上耳机,飞速地揿动电键,向大船发送消息,满怀信心地直朝正南方漂去。

山东半岛陡峭的崖壁影子闪过去了,前方又迎来一艘艘船头上画着一双大眼睛的江苏渔船。眼看海水逐渐发黄,远处近处飘起一缕缕轮船的黑烟,长江口快要到了。只消再往前漂流一小段距离,就胜利到达目的地——风景如画的舟山群岛了。

一轮又红又圆的落日带着美丽的霞光,缓缓沉下西边的海平线。趁黑夜还没有用它那乌黑的大鳌把天和海完全掩盖起来时,我顺着霞光朝海上瞭望,仔细数了数沿途丢下海的汽水瓶子。一个、两个、三个……十二个,正好是老万大叔亲手交给我的数目。看来这次航行非常顺利,明天一早就会连同我的木排在内,一个也不少地抵达舟山群岛了。

我铺开睡袋,心满意足地钻了进去,怀着舒畅的心情美美地睡了一大觉。

第二天早上,海上的晨风和金灿灿的太阳光把我弄醒了。揉一揉眼睛,坐起身子一看。嗨,这是什么地方呀!放眼向四周望去,到处都是迷迷茫茫的海水,根本就没有向往中的岛屿的影子。

咦,这是怎么一回事?难道我睡着的时候,木排漂过了头,不知不觉地早就过了舟山群岛?如果真是这样,为什么预先在这里等候我的老万大叔不把我拦住呢?

再一看,海上的汽水瓶一个也没有了,它们也像有意捉迷藏似的悄悄从我的身边溜掉了。我感到可能有些什么不对头,连忙跳起来用随身携带的仪器测试我所在的真实的位置,原来木排早已偏离目的地,往东南方漂去。照这个方向漂下去，不出三天就会漂过琉球群岛，进入浩瀚无边的太平洋。

事不宜迟，我赶快向这时已在舟山等我的大船发出呼救讯号。几个小时以后，我们的向阳号货轮就加足马力赶上来了。当老万大叔像抓小鸡似的，把我从木排上提起来，拉上甲板的时候，手指着一大堆空汽水瓶对我说："瞧，所有的瓶子都在舟山捞了起来，唯独你失踪了。再做实验，我看会把你的小命也给赔上。"

四、航模的启发

我的实验就这样收场了吗？不，我才不会轻易服输呢！那次事件以后，我虽然暂时停止了实验，但是这并不等于放弃这个计划。在此期间，我到处收集材料，征求意见，整天苦苦地思索着，希望能够找出一个绝对稳妥的办法来。

有一天，船停泊在上海港码头，老万大叔挽住我的手臂，对我说："别成天皱着眉头想你的汽水瓶子和木排啦！走吧，跟我到西郊公园去玩玩。那儿正在举行全国青少年航海模型比赛，可热闹了。"

西郊公园的一个小湖边挤满了观众，兴高采烈地边看边评论着，每一项表演都博得了热烈的掌声。我却挨着老万大叔坐在一个角落里，心不在焉地观看着这一切，头脑里还在不住琢磨着安全运送木排的办法。

忽然，一艘小鱼雷艇飞快地掠过水波驶到湖心。我还来不及看清楚是怎么一回事，它就猛地一下子扭转船头，用极其惊险的动作在水上划了一个8字。接着，表演了一套又一套使人眼花缭乱的航行技术。仿佛这不是模型，而是真的有人在驾驶似的。

我抬头一看，只见对面岸上站着一个系红领巾的小男孩，手里拿着一个带天线的控制器。原来这是无线电遥控表演。小鱼雷艇就是根据他发出的电波讯号而不断改变航向和速度的。

瞧着它，我的头脑忽然一亮，想出了一个好主意。

"嗨,我真傻,只消在木排上装一台同样的遥感仪器就得啦!为什么我早没有想到呢?"

这一次,我高兴地跳了起来,险些儿掉下水去,幸亏老万大叔一把拉住了我,对我说:"别跳,好好坐下来看吧,下面还有更精彩的节目哩。"

"说得对!"我回答说,"不过这回得瞧我的啦,快跟我回船去吧!"

往下的事就不用多说了。我说完了这句话,扭转身子就挤出人群,气喘吁吁地赶到南京路上的无线电器材商店,一口气就订购了一打高功率的遥控航向指挥仪。

不久,有十二只无人驾驶的红松木排出现在海上,顺着海流从大连驶往南方。当其中几只被风暴刮出了预定的航线,漂流往一边的时候,走不多远又乖乖地驶了回来。像是有一根根无形的线牵着它们的鼻子,一个也不少地安全到达了舟山群岛的定海港。

谁在一旁操纵它们的航行?就是我。当最后一只木排驶入港口的时候,还巧妙地在水上转了几个圈子,逗弄得港岸上的人群鼓起掌来,为它的表演齐声叫好。

老万大叔也乐得合不拢嘴巴,又使劲拍了一下我的肩膀,对我说:"阿波,你可真有几下子!"

美洲来的哥伦布

……兰开郡的马丁湖排干之后,露出了一层泥炭,其中至少埋着 8 只独木舟。它们的式样和大小,和现在美洲使用的没有什么不同。

——(英)李依:《兰开郡》,1700 年版,第 17 页。

对一个水手来说,有什么能比处女航更能激发起他那充满渴望和好奇的心灵,并燃烧起献身于海洋的熊熊火焰般的热情呢?

人们或许会问我:"你,威利,大海和风暴的宠儿。你可能记得自己的处女航,它是否曾真的点燃了你的纯真的心?"

是的,这话一点也不假。可是,需要说明的是,我的处女航并不是在那个阴霾沉沉的早晨,当我肩负着简单的行囊,在利物浦的第 27 号码头,踏着一条两旁安装着绳网的钢铁跳板,初次登上这艘古旧的"圣·玛利亚"号货轮甲板的时刻。对我来说,那个神圣的日子还要久远得多,至少还得上溯十多年,约摸在我整天拖着鼻涕、跟在妈妈的屁股后面到处乱跑的时候。

那一次航行并不在波涛翻滚、到处喷吐着水雾和盐沫的大海里,而是在我居住的那个简陋的农舍附近,一个梦也似的平静的小湖——苔丝蒙娜湖上。它虽不见得十分惊心动魄,航程也不太远,然而在那样一个雾气迷蒙的清晨,乘坐着那样一艘奇特的小舟,却充满了无穷无尽的兴味和瑰丽的幻想。它不仅使我初次尝试了水上行舟的滋味,在幼年的脑际里打下了一个永不磨灭的烙印,引导着我一步步走向海洋,过着头顶赤道的烈日和极地的风暴,两脚终年踏着摇晃不定的甲板的远洋水手生活,而且还在我的心灵深处埋下了一个神秘的疑问的种子,不停息地对自己发出探询的声音。最后终于促使我采取了一个不可思议的方式,横漂过波涛滚滚的大西洋,产生了你们都曾知晓的那一条轰动一时的新闻。

这一切,都得打从我的那一次古怪的处女航说起。

亲爱的朋友,请耐心听吧!我将毫无保留地把整个故事都原原本本地讲述给你们听……

泥炭沼里的独木舟

> 我的家乡苔丝蒙娜湖;独木舟是怎样发现的;倒霉的"处女航",我们因此而结结实实地挨了一顿狠打。

我出生在美丽的英格兰北部的湖区,那儿是诗和传说的故乡。

华兹华斯、科尔利治、骚塞①都曾在这里留下了许多脍炙人口的诗篇。牧人和渔夫会告诉你许多关于坚毅勇敢的狮心王查理②,侠义无双的英雄罗宾汉③,云雾缭绕的七姊妹峰,神秘莫测的万特雷毒龙④,或是别的什么扣人心弦的山精和水妖的传说。

---

① 华兹华斯(1770—1850),科尔利治(1772—1834),骚塞(1774—1843),英国著名的诗人,都曾在英格兰北部的湖区生活过,被称为"湖滨诗人"。
② 狮心王查理(1157—1199),英格兰国王,是第三次十字军东征的领袖之一。
③ 罗宾汉,英格兰民间传说中的农民起义英雄。
④ 古英格兰传说中的妖怪,后来被一个勇士踢死。

当我漫步在湖畔的那些玫瑰战争①时代遗留下来的花岗石古堡之间，或是溜达在夕阳和朝霞染红了的小山的巅尖，默默地睹视着变幻不定的湖上景色时，可以看见那里时而飘忽着一朵朵梦幻般悠闲的白云，灿烂的阳光把整个湖区都浸染成天国花园般的金黄色；时而在雨后的晴空里闪现出一道彩虹，好似天使头颅上的圣洁的光轮放射出璀璨的异彩；时而又蒙罩着一阵阵稀薄得如同轻尘一样的迷雾，好像温柔的湖上女神正披着半透明的曳地长纱衣，踮起脚尖从水波上悄悄走了过来。这一幕又一幕的风光，在我的心目中更增添了它的无限美丽和难以描述的神秘感，使人恍然觉着，这儿、那儿，仿佛到处都隐藏有一个个未知的疑谜，我的故乡苔丝蒙娜湖，可还是一个谜也似的神秘国度啊！

可是，这一切有什么能比泥炭层里的那艘橡树独木舟，更能诱惑我的幼小的心灵呢？

我还十分清楚地记得那一天，如同我作为一个水手，确凿知晓横暴的大西洋和地中海之间的直布罗陀的奇峭的山形一样。

那一天，天气十分晴朗，人们的心也从未这样爽朗过。因为排干一个湖湾挖掘泥炭的计划，立即就要如愿以偿了。

整个湖湾充满了喧嚣的人声、犬吠，以及一种节日般的喜气洋洋的气氛。

在所有的人之中，孩子们要算是最高兴的啦！因为原本是一泓清波的湖湾一下子亮了底，本身就是一件了不起的新鲜事儿，何况还能指望在湖泥里拾到种种稀奇古怪的物件呢？那股高兴劲儿就甭提了，真比一年一度的感恩节，甚至比充满苹果布丁香味的圣诞节还更加快活。

我打着赤脚，跟在苏珊姐姐的后面，和一群野孩子在泥淖里到处乱翻乱找。这群孩子的"首领"叫托马斯，是一个满脸雀斑，长着一头乱蓬蓬的红头发的十五六岁的男孩。他和苏珊姐姐特别要好，处处小心翼翼地迁就

---

① 玫瑰战争指1455—1485年，英格兰封建贵族兰开斯特族（红玫瑰徽章）和约克族（白玫瑰徽章）之间争夺王位的战争。

着她。此刻正和她一起踩在没膝深的湖水里,起誓发愿地哄她说,要在水下为她寻找到一个真正的公主丢失的钻石戒指,或是女水妖遗落的魔法项珠。

眼看大孩子们都像长脚鹭鸶似的,扑通、扑通,跳下水去了,我真是又羡慕、又着急。急的是生怕他们会把所有的"宝物"都捞光了,而我由于气力微弱、个子瘦小,根本就甭想到湖水里去寻找什么。只能远远地落在后面,在乱糟糟的烂泥地里拣拾他们所不屑于理睬的剩余的东西。为了不放过每一个微小的机会,我找了一根细铁条,逐块逐片地仔细翻看每一个地段。虽然在污泥里也发现了一些东西,但大多数是不上眼的破罐头盒、碎玻璃瓶之类的玩意儿,毫无收藏的价值。转了好大一个圈,依旧两手空空的。

我不禁有些灰心了,干脆一屁股坐了下来。眼望着别的孩子在湖滨的水里忙忙碌碌地四处奔跑,听着他们每获得一件猎物时,发出的一阵阵欢呼,心里真不是滋味。尤其妒恨托马斯,他拾到的东西最多,几乎全都送给苏珊了。他们俩是那样的高兴,简直把我完全丢在脑后不理睬,我不由得感到十分委屈,低声抽咽着哭了起来。

我坐在地上哭了许久。因为没有一个人理睬我,自己哭得实在太没趣,才慢慢抽抽咽咽地收住了。这时,暖洋洋的太阳从云朵里露出了面孔,在我的脸上慈爱地吻了一下。我揉了揉被阳光照得几乎睁不开的眼睛,偏过头无意中朝前面不远处的一块泥炭地里瞥了一眼,突然有一段埋在泥里的树干映入了眼帘。

睁大眼睛再仔细一看,可不是么,千真万确地是一株大树。我虽然不能找到什么有趣的纪念品,但是只消把这株大树刨出来,运回家去作为过冬的劈柴,妈妈也准会奖赏给我一件小小的礼品,让自以为得意的苏珊看得眼红呢!

"啊哈!"我再也坐不住了,跳起来把头上的帽子往空中一抛,就朝那株半露在外面的树直冲过去。我有一个想法,先要绝对保密,不声不响地只凭自己的力量把它从头到尾地挖出来,然后再向大家骄傲地宣布,让所有的人都大吃一惊。

　　由于在泥炭里埋藏了很久，树干已经被染成黑黝黝的了，只在污泥里露出了一小段树干，前后不见首尾。在我的想象中，它一定是一棵枝叶扶疏的大树，不知是什么原因，由于湖岸坍塌了，才倾倒在湖中的。在它的枝梢上，说不定还残留着一些未曾腐烂尽的硬壳果，树身上也许还刻有"侠盗"罗宾汉，或是别的英雄好汉们的亲笔签名呢！要真是这样，那可太好了。

　　我费尽了气力才把它面上的污泥刨掉，忙不迭地一看，啊！这是怎么一回事？既没有枝叶，也没有树根，而是被砍削得光溜溜的，前面带一个尖儿。从侧面再一刨，另一个意想不到的景象把我弄得目瞪口呆。原来，这根"树干"已被从头到尾剖开，只留下了一半。就是这半片树身也被凿得空空的，像是有谁特意这样制作似的。

　　为什么树梢被削得尖尖的，树身被凿空了？这是谁干的事？为什么会埋藏在湖底的泥炭层里？一个又一个的问题在头脑里飞快地翻动着，都迫切要求得到满意的解答。

　　太阳再一次从流云中显现出来，金色的阳光在凿空的树身上闪耀了一下，突然我的头脑一亮，想出了这是什么东西。船！这是一只古代的独木舟。啊哈！它可比妈妈讲给我听的狮心王、罗宾汉和克伦威尔大将军①都要久远得多啊！

　　"船，快来呀！这儿有一只船。"我不由心花怒放，再也无法沉住气，手舞足蹈地大声喊了起来。

　　喊声惊动了所有的人，大家一窝蜂拥了过来，绕着它看来看去，喋喋议论不休。最后，一致同意，这是一只古代的橡树独木舟。几个壮年汉子把它扛起来，放到水里试一试，果真能像小船一样在水上漂浮。孩子们跳着闹着，眼巴巴地瞧着他们在水上划了一圈，那种既高兴又妒忌的劲儿就甭提了。谁都想爬上去玩一玩，但是家长们都严格禁止自己的孩子挨近这只船，

　　① 克伦威尔(1599—1658)，英国政治家，1649年处死英王查理一世，建立军事独裁的"共和制"，自任"护国公"。

生怕它不牢靠,会翻过身子把我们淹死。甚至勇武有力的托马斯也被他的妈妈揪着耳朵从水边拖回去,不准往前再迈一步。

那天夜晚,我起初躺在床上翻来覆去地睡不着,后来又梦见乘坐着那艘独木舟,张挂了一幅五彩缤纷的船帆,像是《一千零一夜》中的水手辛伯达似的,驶进了波光闪闪的大海洋。

天快亮的时候,忽然被一个轻轻叩击窗玻璃的声音惊醒了。支起耳朵一听,外面有一个男孩子压低了嗓子在悄声呼唤:"苏珊,苏珊……"抬头一看,只见一团蓬蓬松松的红头发在窗外晃了一下。不消说,准是托马斯这个家伙,他和苏珊姐姐鬼鬼祟祟约好了的。

苏珊姐姐还在磨磨蹭蹭地穿衣服,红头发托马斯又着急地催促道:"快一点!要不,我们就会来不及了。"外面还有几个隐藏在暗处的男孩子发出不耐烦的声音:"汤米①,雾快散了!"

他们这一说,我可猜出是怎么一回事了,准是想去划那只宝贝独木舟,我的睡意一下子消失得无影无踪,从床上一骨碌跳起来,披上衣服就往窗口跑。

"威利,你来干什么?"苏珊姐姐扭转身子,皱着眉头质问我。

"哼!独木舟是我找到的。想偷偷撇开我去划着玩,没有那么便宜。"我一面扣衣服,一面气呼呼地回答。

"你年纪太小,到水上去太危险。"托马斯哄骗我说。从脸色可以看出来,他是硬捺住性子的,表现得很不耐烦。

"如果不要我去,我就要放声喊了。爸爸妈妈起来,谁也别想去玩。"我气鼓鼓地威胁道。

托马斯和苏珊你瞧瞧我、我瞧瞧你,说不出一句话来。外面那几个孩子沉不住气了,催促道:"算啦,就带他去吧!"苏珊姐姐无可奈何地叹了一口气,点了点头,托马斯才皱着眉毛,伸手把我从窗口里拖了出去。

---

① 汤米,是托马斯的爱称。

097

外面静悄悄的,浓密的雾气把所有的一切都罩裹起来,正是进行冒险活动的好时机。

一路上,大伙儿叽叽喳喳地议论个不停,有人探问:"我们在水上扮演什么呢?"

"海军上将纳尔逊①和拿破仑的舰队开战。"一个伙伴嚷道。

"德雷克大将②,打败西班牙无敌舰队。"另一个伙伴说。

"我想当科克船长③,去发现太平洋上的珊瑚岛。"

"还是扮演哥伦布④吧!"

"……"

"别嚷啦!"托马斯不耐烦地说,"我们要去发现新大陆,但是不做早就听得发腻了的哥伦布。让我们扮演勇敢的海盗红头发埃立克吧!他比哥伦布整整早 500 年就发现了美洲。"

"太妙啦!托马斯的头发也是红的,就让他扮演埃立克吧!我们都做他手下的海盗。"所有的孩子都高兴地喊道。

"我呢,我是什么角色?"我揪住他的衣角,焦急地探问。

"苏珊是海盗掳来的一位公主,你是她从前的卫士,也是一个俘虏。"托马斯指派说。我细细一想,自己不仅要随船经历探险,还要暗中保护苏珊,帮助她脱逃的任务,更加富于神秘的气息,也高高兴兴地同意了。

我们在雾中找到了那只独木舟,一个接一个爬上去。握住事先准备好

---

① 纳尔逊(1758—1805),英国海军大将,1805 年在特拉法尔加大败法国和西班牙联合舰队,他也在这场海战中阵亡。

② 德雷克(1540—1590),英国海军大将,1588 年击溃入侵的西班牙"无敌舰队"。

③ 科克(1728—1779),英国著名航海家,曾进行三次环球航行,在太平洋上发现了许多岛屿。

④ 哥伦布(1451—1506),意大利热那亚人,著名地理发现家,1492 年发现新大陆。

的船桨和篙竿,悄悄划进了湖心。

托马斯用花手帕包着脑袋,有意在前额露出一绺卷曲的红头发。拾了一根木炭,在嘴唇上画了两撇往上翘的胡子。腰间扎了一根从家里偷出来的宽皮带,一边插了一把木手枪。威风凛凛地叉开两条腿,站在船中央指挥航行,活像是一个真正的海盗船长。

我紧挨着苏珊姐姐蹲在船头上,根据我们所扮演的身份,不能随便活动。说句实在的,独木舟的船身圆溜溜的,像是一根漂木,不住左右摇晃,坐在上面真是吓得要命,我挨靠着苏珊姐姐,紧紧攥住她的裙子,压根儿就不敢随便挪动一下。

"注意啦!我们现在是在北海上航行,小心风浪和雾里漂过来的冰山。"托马斯神气活现地发布命令说。一面把两只手的食指和拇指圈起来,贴在眼睛边上,装作使用望远镜在朝远方窥望似的。

后面几个男孩用力划着桨,激情冲动地唱起了一支水手的歌:

> 我愿做一个水手去远航,
> 驾着船儿航行在海上。
> 波涛滚滚、大海茫茫,
> 勇敢的水手驶向前方。
> 风儿吹着船帆呼啦啦地响,
> 我的心儿也随风飘荡。
> 冲过暗礁、冲过急浪,
> 小船儿张开了幻想的翅膀。
> 大海啊!我为你而歌唱,
> 你一望无边、无限宽广。
> 蓝色的大海、美丽的大海,
> 永远滚动在我们的心上。
> 神秘的新大陆,你在何方?

我们驾着小船，要把你探访。

狂风怒号、波涛汹涌，

不能把我们的脚步阻挡。

这天早晨的雾气特别浓密，只见四周迷迷蒙蒙、一片白茫茫的，分不清哪儿是天，哪儿是水，更甭想望见对面的湖岸了。歌声一停，水上一片静悄悄，只有船桨一下又一下轻轻划开水面的"拨剌"、"拨剌"的声音，打破了湖上的岑寂，充满了使人感到特别兴奋的神秘感，更加使人恍然觉着真的是在望不见边的北方海洋上航行似的。

"喂，孩子，你是第一次在海上航行吗？"托马斯"船长"绷起面孔，威严地问我。

"是的，"我的声音由于对"海"的恐惧和他的敬畏而变得嗫嚅不清，整个身心已经完全被这场游戏的神秘气氛所感染了。

"那么，你记住，这就是你的处女航，让我给你施行一次海盗的洗礼吧！"他把一根当作长剑的木棍放在我的前额上，态度庄严地说。

我闭住眼睛，挺起腰板，屈着一只腿跪在他的面前，希图用自己的幻想，来把这场神秘的仪式补充得更加完善。

想不到正在这时，前面忽然传来一阵狗叫和人们奔跑的脚步声。

"前面有人。"一个扮演小喽啰的孩子向托马斯报告说。

"肯定是印第安人。"托马斯说。他随即把双臂高高伸起，伸向冥冥的天空，拖长了嗓音喊道："感谢上帝，我们就要踏上新大陆的海岸了。"

"好啊！"大伙都心花怒放地跟着喊了起来。

唉，想不到这一阵欢呼没有赢得天使的青睐，却招惹了一场倒霉透顶的麻烦，喊声刚刚一停，前面就传来了一阵粗野的叱骂声。

"汤米，快回来！"这是他的妈妈的声音。

"哈利，你的胆子真大，小心我剥了你的皮！"

"江尼……"

"弗里克……"

一声又一声的喊叫,夹杂着咒骂和威胁,好像就来自咱们的鼻尖面前不远的地方。准是托马斯这个笨蛋在浓雾里迷了方向,指挥着独木舟在水上转了一个圈子,又晕头转向地划回原来出发的地方了。我吓得用手捂住耳朵,一头扎到苏珊姐姐的裙兜里,就在这时,对面传来了爸爸和妈妈的怒不可遏的声音:"苏珊,威利……"

"糟啦!遇见了西班牙巡洋舰队,赶快回航。"托马斯的嘴唇打着哆嗦,脸色变得铁青,小声发出命令,但是时间已经晚了,"海盗"船上已经乱成了一团。他手下的那些勇敢的水手们,一个个被催命鬼似的喊叫弄得心慌意乱,在船上手脚无措,身子东倒西歪,弄得独木舟左右直晃荡,船身猛地一下倾斜,朝侧面翻了过去,所有的人都落到了冰冷的水里。

"救命啦!"不知是谁吓得大声喊了起来。我还来不及张开嘴巴,便咕噜、咕噜地接连喝了好几口水,身子直往下沉。说时迟、那时快,托马斯一手托住苏珊,一手拖住我,两只脚扑通、扑通地踢着水,推送着我们往前游。

还不到一分钟,对面的雾气里出现了一只小船。爸爸怒气冲冲地站在船头,一把揪住我的衣领,像抓小鸡似的将我从水里湿淋淋地提了起来。

那天回家,所有的人都结结实实挨了一顿狠打。我们的宝贝独木舟被爸爸用斧子劈得粉碎,真的当作劈柴了,我只来得及偷偷拾了一块碎片作为纪念。

那年冬天,英格兰北部的雪下得特别大。当我坐在暖洋洋的壁炉边,眼巴巴地瞧着爸爸和妈妈一面不住嘴地唠叨,一面把独木舟的碎片投进炉火,就不由得感到一阵阵说不出的悲伤,泪水忍不住滚滚流下来。

唉,这就是我那倒霉透顶的"处女航"!

我怎样变成了"说谎"的孩子

郡城历史博物馆;博学多闻的古德里奇教授对我的印象。

神秘的独木舟虽然在壁炉里化成了灰烬,可是那一次在苔丝蒙娜湖上的"处女航",却始终萦回在我的心上,产生了难以平息的回响。随着我的年岁增大,它越来越困扰着我。一个压抑不住的声音在心底里不停地吁问:"谁是独木舟的真正的主人,它在湖底沉睡了多少岁月?为什么会沉没在这里……"

几年以后,我已经成长为一个少年,一次随着乡村学校的一批学童,来到郡城的历史博物馆参观。在那儿,陈放着大不列颠及北爱尔兰联合王国的土地上所发现的许多珍贵文物,从石器时代的燧石手斧,到中世纪的青铜大炮,真是琳琅满目、美不胜收。

但是其中最使我感兴趣的,是搁置在最偏僻的角落里的一艘古代的独木舟。我注意到,它虽然也是一株大树做成的,样式和大小却都和我在苔丝蒙娜湖里所发现的不同。时间悄悄地过去,天色逐渐昏暗下来,参观的人们几乎都散尽了,我还呆呆地站在那儿,目不转睛地盯视着它一动也不动。

我沉浸在思索中,没有注意到头发斑白的博物馆馆长古德里奇教授悄悄走到我的身边。

"孩子,你对它感兴趣吗?"他态度和蔼地问道。

"是的。"我答道。

"为什么呢?"他笑眯眯地又问。

"因为它和我从前看过的一艘独木舟不同。"

"你在什么地方,曾经看过一艘独木舟?"他对我的回答显然产生了兴

103

美洲来的哥伦布

趣。

"在我的家乡苔丝蒙娜湖。"

"等一等，孩子，让我想一想。"古德里奇教授的头脑是全郡最好的一部考古收藏记录，他皱着眉毛只略略思索了一下，就笑着说，"不！你弄错了，苔丝蒙娜湖从来没有发现过什么独木舟。"

"请您相信，这是真的，"我分辩说，"因为它就是我发现的。"

窗外，夜色已经徐徐展开，远远近近的灯光像是一大把撒向人间的星星，一盏接一盏地都闪亮了。一个工作人员走过来，像是表示催我赶快离馆的意思。古德里奇教授却连头也没有回，便挥了挥手示意他走开，他亲自从旁边搬了两张凳子，吩咐我坐下来。像是面对一个尊贵的客人，极有礼貌地要求我把经过情况从头到尾告诉他。当我一口气说完之后，他感到非常惋惜，静静地坐着不做一声。这样珍贵的一只史前时期的独木舟，竟然化为一缕青烟从屋顶的烟囱里飘散了出去，过去在本郡还从来没有发生过这样严重的毁坏文物的事件呢！

"你还记得它是什么模样吗？"隔了好半晌，他才轻声地问我。

"当然记得啦！"坐在这样一位态度严肃、很有学问的老教授的面前，使我感到受宠若惊。为了说得更清楚，我向他要了一张纸和一支笔，凭记忆画出了那只已经被劈碎烧掉的独木舟的草图。

画笔虽然不够十分工整，但是我自信已将它的基本形态特征准确无误地表达出来了。

谁知，古德里奇教授只把这幅画凑在眼镜边略微瞟了一眼，便用手把眼镜从鼻梁上一扶，目光从镜片下面溜出来，瞅着我问道：

"你敢保证，没有画错吗？"

我满怀自信地点了点头。

"嗨！你这个孩子，怎么和老头儿开起玩笑来了。"他颇为失望地叹了一口气，"咱们这儿根本就没有这种样式的独木舟啊！"

"我敢起誓，真有这么一回事。"我感到受了委屈，心里发急了。

"不可能！这绝对不可能。"古德里奇教授的面容严肃，极其坚定地摇了摇头。

"为什么？这明明是在苔丝蒙娜湖底发现的嘛！"

"因为这是美洲印第安人的，不仅在英国，就是整个欧洲也不会找到这种样式的独木舟。"他解释说，眼睛里刚才的那种表示关切的神色已经没有了，代之以一种不以为然和嘲笑的意味，好像在说："嘿！你这个拖鼻涕的毛孩子，还想捉弄人呢！难道我这堂堂的郡城博物馆长，竟连英国的和印第安人的独木舟都分不清了吗？"

"天哪！印第安人，这是一个多么遥远而又神秘得不可捉摸的种族，怎么能和我那闭塞的苔丝蒙娜故乡扯到一起来呢？"我惊奇得张大了嘴巴，喉咙里像是堵上了一块硬邦邦的塞子，几乎说不出一句话。隔了好半晌才转过神来，涨红了面孔，吞吞吐吐地探问："难道咱们英国的独木舟都是一个样，没有一只和印第安人的相同？"

"你这个坏小子，别再想骗人了，"古德里奇教授哈哈笑了起来，"索性告诉你吧！两个互相隔开的古代民族,文化遗物是绝不可能完全相同的。"

"为什么？"我被一口气憋得哭丧着脸,可是心里还像想捞救命稻草似的继续追问。

"这是历史的法则。"他加重了语气,一字一顿地回答说。他的脸色变得很严峻,但是当他瞧着我因为被委屈得流下了眼泪,误以为我已经对这场"恶作剧"表示了忏悔。便重又展开笑容,宽厚地伸出手掌抚拍着我的金黄色的乱发,像最慈祥的老爷爷那样用教训的口吻说:"得啦！别哭了,只要以后不再撒谎,就是好孩子。"

经他这么一说,不知为什么,我倒真的伤心地哭了起来,任凭他牵着我的手,把我一直送到博物馆大门的台阶前。

回家以后,我把经过一五一十地告诉苏珊姐姐和托马斯。红头发托马斯已经长成为一个身强力壮的小伙子了,在格拉斯哥的一艘南极捕鲸船上找了一份工作。这时,他正休假回到家乡,带着许多异国风味的稀奇的小玩意儿,和一双燃烧得更加炽烈的眼睛,来看我的苏珊姐姐。

"别哭了,好兄弟。"他像一个真正的捕鲸海员那样沉着坚定,把一只大手按在我的肩膀上,安慰我说,"以后有机会,咱们再挖一只好啦！"

"你不骗人？"我抬起头瞧着他,还在不住地抽泣。

"海员,怎么能骗人呢？放心吧！我一定要用事实来证明你没有弄错,哪怕流血也没有关系。"他的态度装作十分严肃,一面说话,一面用眼角朝我的姐姐偷偷地瞟了一眼,苏珊姐姐温柔地笑了。

神秘的印第安古都

我成了一个真正的水手,不得不承认古德里奇教授的话有几分道理;我在萨尔凡多博士那儿瞧见了什么？

托马斯虽是作了这样的保证,每年休假回家的时候,在我的撺掇下,也曾真的当着苏珊姐姐的面,脱光了膀子跳下湖去捞摸了几次,可是却什么也没有发现。不久,我在中学毕业以后,也走上了苔丝蒙娜地区的许多年轻人所走过的生活道路。捎着行囊,吻别了瘦得干瘪瘪、目光变得迟钝的父亲和流着眼泪的母亲,当然也少不了吻了吻亲爱的苏珊姐姐,迈开大步走向利物浦的海边,在那儿找了一份和托马斯同样的、整年与波涛和风暴嬉戏的差事。

我,妈妈从前最宠爱的小儿子,就摇身一变,成为"圣·玛利亚"号货轮上的一名身份低微的舱面水手了。

现在,我才算是真正走向大海了。它是这样的辽阔,比我所能想象的还要广阔得多;它是这样的碧蓝、这样的深沉,散发出蓝幽幽的光彩,活像苏珊姐姐的大眼睛那样美丽、那样明亮;它又充满了那么多的奇闻轶事,几乎在每一个浪花里就隐藏有一个奇异的故事,比小时靠在炉火边,妈妈对我所讲的每一个神话传说都更加美妙动人,我随着"圣·玛利亚"号漂过了五洋四海,见识了许多异乡土地上的稀奇景物。可是,每当轮船停泊下来,我斜倚在船舷边最喜爱观看的,还是那些各式各样的,平头的,圆头的,翘起一个船尖儿的;宽身子的,窄身子的;带尾舵的和不带尾舵的小船了。因为,我始终在琢磨那个老问题,并对郡城博物馆馆长古德里奇教授的话感到有些不服气。

"难道不同地区和民族的小船真的都存在着天渊之别,竟没有一只完全相同?"

起初,我是怀着这种不服气的心理来观察一切的。但是渐渐的,我就对古德里奇教授口服心服,不得不承认他所说的那个"历史的法则"是颠扑不破的真理了。因为经过反复比较,我竟找不到一个实例来说明他的话有半点不确切。剩下的问题只是怎样想出一个办法,向那位可敬的老人证明我是诚实的,并且要寻求一种合理的解释,来说清美洲印第安式的独木舟在苔丝蒙娜湖底出现之谜。

这可真是一个比沉默的司芬克斯①还更加难解的疑谜啊！

但是，想不到一次偶然的机会，我竟在几千海里外的新大陆上得到了解决这一难题的钥匙。

有一次，我们的老"圣·玛利亚"号在墨西哥湾尤卡坦半岛海外的珊瑚礁上，倒霉地碰撞了一下，船头的龙骨上擦破了一个洞。船长不得不下令采取紧急措施，在墨西哥的一个港口靠了岸，驶入船坞进行检修。这件事虽然万分不幸，被船长带着沉重的心情记在航海日记上，然而对我们整天在钢铁甲板上忙忙碌碌的舱面水手来说，反倒是一件极其有趣的大好事情。因为这样一来，我们就可能暂时摆开那些绞盘、锚链、吊货杆，无忧无虑地在这个有欢乐的吉他和仙人掌的国度里尽情游逛几天了。

有一位伙伴提议乘此机会到举世闻名的印第安人的一个古国遗址去参观，我掂了掂荷包，仔细计算了费用之后，立刻便欣然同意了。

这是一个美丽无比的湖上古城，建筑在湖心的一个小岛上，有三条宽阔的堤坝和湖岸相连。湖岸边环绕着枝叶飘拂的热带丛林，一片葱葱茏茏望不见边。隔着宽展的湖面，还能随风吹送来一阵阵浓郁扑鼻的林木的清香。使它宛然像是一颗光华四射的金刚钻石，镶嵌在柔软的绿色地毯上似的。

虽然由于年代久远，经过了无情的时光的消磨和西班牙殖民者的疯狂破坏，大多数的房屋已经毁坏了，但是仍然有一些保存得比较完好的建筑物在废墟中耸立着。其中，主要是一些用巨大石块砌成的庙宇和宫殿。墙壁、门槛和粗大的大理石圆柱上，到处都装饰着一组组刻凿得异常生动的浅浮雕像，记录了许多有趣的古代神话故事。甚至，在这儿还有一座像是我们在埃及所曾见过的雄伟的金字塔呢！墨西哥朋友告诉我们，这是祭祀太阳神的，塔顶缀饰着一个金色的太阳光轮，据说，在有些地方，太阳神的宏

---

① 埃及的狮身人面塑像。传说它千百年来都蹲伏在沙漠里，让过往行人猜测一个难解的疑谜。

伟的宫殿建筑在截去了尖角的金字塔顶端。人们怀着虔敬的心情,沿着金字塔的阶梯状斜坡走上去,金光灿灿的宫殿仿佛就坐落在天穹的中央。灿烂夺目的太阳光从头顶洒落下来,好像就是从庙宇的神龛上直接照射下来似的。

我们怀着好奇的心情,沿着废墟里的碎石路漫步前行,纵目浏览着古城的风光。它是这样的瑰丽多彩,使整个城市看起来就像是一座规模宏伟的古物陈列馆。热带的阳光映照着它,弥漫着一种无限庄严、雄伟和神秘的气息。

啊!这是一个多么了不起的国度,亲爱的朋友们,也许读到这里,你们都能猜测到,打从古德里奇教授对我的那幅独木舟的图画作出鉴定以来,我的头脑深处就一直萦牵着美洲的印第安人,总觉得苔丝蒙娜湖底的那只独木舟,和这个遥远的民族有着某种难以描述的隐秘的联系。如今来到这里,怎能不找个机会弄个水落石出?

好客的墨西哥朋友听了我的追述以后,极其热情地把我们引带到当地的博物馆,去拜访馆长萨尔凡多博士,相信他一定会给予我满意的解答。当地的博物馆汇集了印第安各民族的古代文化的精华。我无法用适当的言语来描述当我们步入它的大门时的心情。这是一座具有浓厚的民族色彩的花岗石建筑,凹凸不平的墙面上绘着大幅五颜六色的彩色壁画,门楼上塑有一个带翅膀的蛇首人身的神像。只消对它看上第一眼,就会使人不由不对古代印第安人的灿烂文化产生无限敬佩的心情。

馆内宽敞明亮的大理石廊道两边,陈列着数不清的珍奇的展品。包括原始时期的狩猎工具——吹箭筒和带黑曜石尖的投枪,充作货币的可可豆,装满金沙的鹅毛管,用彩色颜料书写在棕皮纸上的诗歌手稿,龙舌兰织成的绳索和布,编织巧妙、色彩鲜艳的羽绣,青铜和黄金铸成的器皿,宝石、软玉和绿松石镶嵌的首饰……我们看得眼花缭乱,不知该首先观察哪一样才好。

"古代印第安人的文化多么丰富多彩啊!"一个伙伴不禁发出了赞叹。

"可惜大多数已经被西班牙殖民主义者破坏了。"另一个伙伴十分感慨地说。

"说得好！"陪伴的墨西哥朋友说，"西班牙殖民主义者毁灭了这里的高度文明，还自称是带来了文明的火炬的使者呢！"

接着，他回过头来问我们："你们知道这帮海盗在新大陆掠夺了多少财富吗？只是在这儿的一个王宫的地下室里，他们抢走的珠宝就值15万金比索。这帮匪徒离开这里的那个夜晚，每个士兵的荷包里都装满了宝石，脖子上挂着金链，皮靴里塞满金条。在南方的秘鲁的印加古国，他们毁坏了一座用纯金铸成各种树木和花卉的神秘'花园'。为了抢夺金框，竟把镶在框内的图画文字①全部捣毁了。在那里，有些殖民主义者的骑兵，甚至在马蹄上也钉上了白银。"

"强盗！"我的一位伙伴激动地喊了起来，"他们还把创造了这样灿烂文化的民族称为野蛮人，不感到羞耻吗？"

"遗憾的是，至今还有一些种族主义者坚持这种观点，认为欧洲人'发现'新大陆之前，这儿是一片'文化的荒漠'呢！"那位墨西哥朋友提醒我们说。

"多么可耻啊！"我心里想，"如果我有机会，一定要设法证明古印第安人的勇敢和智慧，它是一个永远值得人们尊敬的伟大民族。"

我们边谈边走，在廊道尽头的一间整洁的办公室里见到萨尔凡多博士。他是一位十分和蔼，并具有墨西哥民族所特有的热情的老人，一见面，便忙着张罗座位，招呼我们坐下。

"是的，这肯定是美洲印第安人的独木舟。如果我没有弄错的话，这就是属于居住在尤卡坦半岛的古代印第安人的。"他含着笑容耐心地听完我的叙述，又十分仔细地审视了我画的一幅草图以后说。

"来吧！朋友们，请到这儿来参观。"他拉着我的手，走进旁边的另一间

---

① 一种图解式的古文字。

展览室,那里陈列着各种各样的水上工具。在许多网具和鱼钩、鱼叉之间,横躺着一些船只。有渔船、战艇和为了适应海上的风浪而制造的双身独木舟。还有一座"水上花园",是用淤泥涂抹在芦苇编成的"芦筏"上做成的,上面种植着西红柿、南瓜和别的蔬菜。

"印第安人不只是草原和高山的主人,也是一个海上民族。"萨尔凡多博士解释说。他笑滋滋地把我们引到展览室的一个角落里,那儿静静地放着一只橡树独木舟。我只瞥视了一眼,就不由惊奇得张大了嘴巴,说不出一句话来了。因为它和我的父母劈成木柴的那一只简直一模一样。如果不是船身上显出清晰的木纹,没有被泥炭染黑的痕迹,我会真的以为出现了奇迹。从烟囱里升上天空的青烟,像神话中的魔鬼一样飞到这儿凝聚成形,重新出现在我的眼前呢!

"你所见过的那一只,就是这种样式吗?"萨尔凡多博士问我。

我的伙伴们都围在他的身后,眼睛直勾勾地瞅着我,等待我发表意见。

"是的。"我忙不迭地直点头,竟说不出一句更多的话来。然而,这一次是突如其来的巨大喜悦所造成的,而不是多年前站在古德里奇教授面前的那副丧魂失魄的狼狈模样。

"感谢你,亲爱的朋友。你可知道,你已完成了一件多么了不起的发现吗?"萨尔凡多博士热情洋溢地张开手臂,把我紧紧拥抱在怀里。

"我知道这是怎么一回事了,美洲印第安人曾经到过我的故乡英格兰。"我激动地说出自己的意见。

"是的,朋友,"萨尔凡多博士也同样万分激动,"这就意味着,不是欧洲的殖民主义者'发现'了新大陆,而是美洲来的'哥伦布'首先到达欧洲。请把你保存的那块独木舟碎片给我,我将要使用放射性碳-14法测定它的年龄。"

"好啊!"我的船友们都高兴地喊了起来,不由分说便把我抬起,一次、一次地往天花板上抛。萨尔凡多博士含着宽宏大量的微笑站在一旁观看,似乎毫不心疼我会否落下来碰损了陈列的古物。

但是,证实了苔丝蒙娜湖底的独木舟是印第安人的遗物,并不等于问题的终结。现在，我必须圆满解答另一个新冒出来的更加困难的问题。古代的印第安人怎样驾驶着这种小小的独木舟，横过白浪滔天的大西洋，从几千海里外的墨西哥到达英格兰？难道他们会有什么神奇的法术，能够平息海上的风波，并能顺利导航，安全到达目的地吗？

在回船的路上，我们一直议论不休。当"圣·玛利亚"号起航返回英国的途中，我们也在甲板上展开了热烈的讨论。

夜，披着嵌满了繁星的黑天鹅绒大氅，蒙盖在茫茫的大海上。

每一颗星星都在不住眨巴着眼睛，像是也在用心思索着这个古怪的疑谜。

"也许他们是随风漂去的。"一个伙伴猜测说。

"这样小的独木舟，怎么能安全漂到大西洋对岸？"另一个伙伴反驳道。

"很可能绝大多数都沉了，只有少数几个幸运儿才逃脱了危险。"刚才那个水手解释说。

"不管你怎么说，我总不相信独木舟会漂那样远。"

"我看，这完全有可能。"一直坐在黑影里，咿吧着烟斗没有做声的鲍勃大叔说。他是全船水手中年纪最大的一个，海上经验非常丰富。用海员习惯讲的行话来说，真是一头不折不扣的老"海狼"，深受伙伴们的敬重，就是船长和大副也对他敬畏三分。他一说话，所有的人便都安静了下来，准备仔细倾听他的意见。

"孩子们，别争吵了。瞧瞧你们的脚下吧！"他用沙哑的嗓音数说道。

"我们的脚下是什么，那不是涂满油污的钢铁甲板吗？"他的话使人感到有些摸不着头脑。我小心翼翼地挪开脚板，瞅着刚才放脚的地方，弄不明白是怎么一回事。

很可能大伙所想的都和我相同。一个和我年龄相仿的年轻水手涨红了脸，结结巴巴地问："鲍勃大叔，脚底下不是甲板吗？"

"是呀！我们脚下踩的除了钢铁甲板，再也没有别的东西了。"

别的人也忙着点头称是，大家都转过头来瞅着鲍勃大叔。他却不慌不忙地吸了一口烟,接着又发问:"你们想过没有,甲板下面又是什么呢?"

"货舱。"黑暗中,一个冒失鬼不假思索地回答说。

"货舱的下面呢?"

"是船底。"

"船底再往下呢?"鲍勃大叔一步紧似一步地追问。

"是海嘛!唉,鲍勃大叔,您真会开玩笑,简直把我们当成小孩子,欺侮我们连大海也不认识了。"大伙不觉松了一口气,忍不住嘻嘻哈哈地哄笑起来。

"是啊!是大海。"鲍勃大叔意味深长地眨了眨眼睛说,"但是要认识咱们这个古老的海洋,可不是那么容易啊!"

"大叔,您别卖关子了,快告诉我们是怎么一回事吧!"一个小伙子态度诚挚地恳求道。

"说吧,大叔,快告诉我们吧!"大家觉得他的话里有话,都一股劲地催促他说。

经咱们这么一催再催,鲍勃大叔才张开嘴,慢慢从肚皮里倒出了谜底。

"海,倒是海,可是海里的情况到处不一样。"他说,"现在,咱们的老'圣·玛利亚'号在什么地方,是在墨西哥湾流上啊!"

啊!墨西哥湾流,他的这句话像黑夜中的闪电一样照亮了我的头脑。嗨!我怎么这样糊涂透顶,会把它给搞忘了。大名鼎鼎的墨西哥湾流,宽20多海里,以每小时3~4海里的速度穿过古巴和美国之间的海峡,像一条浩浩荡荡的海上"河流",一直涌向大西洋对岸的欧洲。它抹过了大不列颠群岛的西侧,冲到挪威的海岸边。在那儿,当地特有的峭壁像一堵高墙似的挡住了它。迫使它偏转了流向,绕过欧洲最北端的海岸,一直流到新地岛附近。

用自身从暖和的南方海洋上带来的余热,溶化了极地的冰块。

远古时期,人们传说海克利斯柱[1]以西的大海漫无边际,最后泻入了深

————————

① 海克利斯柱,是直布罗陀的古称。

不见底的海渊，谁也不敢冒险驶到那儿去。正是它，宽阔的墨西哥湾流，从热带的美洲大陆的岸边和加勒比海上的群岛，冲带来许多南方特有的树木，推送到荒凉贫瘠的北欧海岸边。像是一个智慧的海上老人，在人们面前默默展开一个司芬克斯式的哑谜，让人们猜测这些常绿阔叶树木的由来。

聪明的诺曼人终于猜出了是怎么一回事。这意味着在大洋的极西处有一个终年常春的极乐世界，鼓励着他们去寻找它、占有它。正是在这一启示下，他们在公元9世纪的中叶，从挪威航行到了冰岛，在那儿建立了居留地。公元920年，贡布尔到达了西边的一个更大的岛屿。接着，红头发埃立克也到了那里，经过长久的探寻之后，在阴沉沉的冰川盘踞的海岸边，终于发现了一块长满新鲜的青草的平原，给它取了一个十分美丽的名字，称做"格陵兰"，就是"绿色的草地"的意思，后来，他的儿子里奥尔又从这里出发，在11世纪初到达了更南边的纽芬兰。就是伟大的地理发现家哥伦布本人，也是在这样的启发下，才扬起他的骄傲的船帆啊！

"鲍勃大叔，你的意思是不是说，墨西哥湾流有可能把一只失去操纵能力的印第安独木舟冲带到了英格兰？"我问道。

"是的，亲爱的孩子，我正是这个意思。"鲍勃大叔又在黑暗中衔上了烟气缭绕的烟斗，眼睛里闪露出一丝赞许的笑意。

我有了一个新主意

古德里奇教授又摇了摇头；世界怎样在我的面前忽然分成了两半，我被淹没在邮件的浪潮中；血，托马斯的鲜血；古德里奇带来了一件意外的礼品。

我无法用言语来形容，当我返回英国以后，趁着假期回到故乡时的激动心情。

我和苏珊姐姐来到了湖边。这是一个典型的英格兰仲夏的晴天，天空中散布着一些羽毛状的纤云，在暖洋洋的太阳下，仿佛一切都睡着了。别说是山岭、田野和湖边荫蔽地的树林，甚至就连最喜爱到处晃荡的风儿，也收敛了翅膀，不知溜到哪个隐蔽的岩洞里或是浓密的树丛中打瞌睡去了。湖水静悄悄的，像一面平滑光亮的镜子，连一丁点涟漪儿也没有。故乡的湖上女神就是用这种异乎寻常的缄默，来迎接我这个从远方归来的孩子。

可是，苔丝蒙娜，你这美丽而又狡狯的女神啊！现在再也别想用这种神秘面纱来遮住自己的面孔，用沉默来掩饰心中隐藏的秘密了。我可明白在你的怀抱里究竟隐藏有一个什么样的宝贝，那可是有关你的传说中的最震撼人心的一个啊！

"印第安人曾经到过这儿，这是多么不可思议的事情！"苏珊姐姐睁大了眼睛，不知道该怎么说才好。这个惊人的消息通过她的嘴传了出去，很快就传遍了整个湖区。我相信，或许郡城和伦敦桥上的人们也都知道了吧！

我怀着胜利者的喜悦，再一次到郡城博物馆去会见古德里奇教授。从上一次见面以来，他已经苍老了许多，头发完全变成雪白了，好像洒上了厚厚的一层银粉。但是他的精神还很旺盛，仍然和过去一样，笑容可掬地在会客室里接待了我，以英国学者所特有的那种彬彬有礼，但是却一丝不苟的严谨态度来倾听我的谈话。

"年轻的朋友，我很高兴看见你已经长成为一个有为的青年。这一次，你又有什么新鲜事儿要告诉我呢？"他用语调低沉、然而却十分柔和悦耳的乡音欢迎我说。

当我说明了新的情况，他又像当年那样展颜笑了："唉，威利，我很佩服你的这种孜孜不倦的好学精神，我相信你说的也许不是假话。但是，科学需要确凿的证据，没有令人信服的证据来证明你所说的话，即使我举手赞成，全世界也会不相信的。"

他的话像一瓢冷水又浇在我的头上，把满怀的高兴都一下子化为乌有了。现在我才更加恼恨我那无知的父母，要是我有一只魔法师的戒指或是《一千零一夜》中的怪洋灯，能够施用法术使那只独木舟重新出现在眼前，那该有多好！

古德里奇教授看出了我的心思，语气平和地安慰我说："别难受，孩子，科学研究的道路上从来也不是一帆风顺的。鼓起信心来，我相信你一定会获得胜利。"

稍稍歇了一会儿，他又对我说："让我们来帮助你吧！在苔丝蒙娜湖挖一下，看看是不是真有那么一回事。"

哎，这句话才是最悦耳中听的啊！我高兴得从铺垫着绿天鹅绒的靠背椅上跳了起来。也不顾老人愿意不愿意，便紧紧搂抱着他的脖子，在他那长满胡髭的脸颊上狠命地吻了一下。

短促的假期不允许我在故乡过多停留，我很快就辞别了年迈的双亲、苏珊姐姐和可敬的古德里奇教授，重新回到簸摇不定的海上。说也稀奇，自从我在地球上的那个最偏僻的角落——苔丝蒙娜湖边，发表了一通关于美洲印第安人曾经踏上过我们这个古老的国土的议论以后，命运女神就以一种从未见识过的奇特方式紧紧追随着我，给我带来了许多喜悦的和不那么令人感到喜悦的消息。

几个月以来，不管我们的"圣·玛利亚"号驶行到什么地方，欧洲的汉堡、那不勒斯，美洲的纽约、里约热内卢，非洲的丹吉尔、蒙巴萨，甚至在遥远的东方的上海和香港，总有一大包邮件在港口静静地等待着我。这些不相识的朋友都对我的发现表示善意的关怀和支持。有的人长篇累牍地抄录了许多相干的，或是不相干的材料，提供我进一步研究时作为参考。还有人提出了一些艰深得使我摸不着头脑和幼稚得同样令我瞪目结舌、无法置答的问题，使我感到既兴奋又惭愧，同时觉得自己在世界上并不是孤立无援的。

"威利，世界在向你欢呼呢！"伙伴们对我说。

是的，相识和不相识的朋友都为我的发现而感到高兴，鼓励我继续努力,彻底解决这个考古学上的重大疑谜。

他们为什么要这样做?除了学术上的原因以外,还如一位美洲黑人朋友在信中所说的那样:"……因为这个问题揭破了老殖民主义者吹嘘自己是万能的,因而也是最高贵的神话,也大灭了现代种族主义者的威风。所以它不仅是一个纯学术的考古问题,还具有极大的现实意义。"

但是在来信中,也有极少数怀着明显的敌意。咒骂我是不学无术的江湖骗子,心怀不满的邪说散播者。质问我:"到底怀有什么不可告人的秘密,凭什么说野蛮落后的红种印第安人,居然能在伟大的哥伦布把文明带到新大陆之前,首先到达神圣的欧洲海岸,并且还能在美丽动人的苔丝蒙娜湖边住了下来,玷污了那儿的山水?"污蔑我得到了"低贱的"有色人种的金钱,把灵魂出卖给了异教的魔鬼。还有人表示怀疑,我自身的躯体里是否流有美洲印第安人的血液,声称要成立专门委员会来对我的族谱进行彻底清查。甚至有人宣布在所谓的"种族法庭"上对我进行了缺席审判,随信附寄来一粒子弹,扬言要结果我的性命。

感谢上帝的是,我的父亲只是一个贫贱的庄稼汉。既不是大名鼎鼎的白金汉公爵,也不是维多利亚女皇的显赫的勋戚。从来也没有带烫金封面,并且印有贵族徽章的"族谱",以供这些大人先生们的"清查"。但是这些过激的言论却使我目瞪口呆,不知该怎样来回答才好。霎时间,便觉得我这个周身油污的舱面水手,忽然成为了咱们这个星球上的议论的中心。整个世界一下子在我的面前分成了两半,不是敌人,便是朋友。而我要再一次感谢上帝的是,在命运的天平上,好心的朋友多得多,咒骂和威吓我的人只有那么微不足道的少数几个。要不,我早就被人吊起来,像个稻草人似的随风乱转了。

话虽是这样说,每逢踏上一个新的港岸的时候,总有一些好心的船友自告奋勇地紧紧伴随着我,以防万一遇着不测。他们大抵是来自苏格兰高地和英格兰密林中的好汉,再不就是咱们的船主从世界各地招募来的英雄豪杰们,捏紧了拳头,足以揍翻任何一个种族主义者的暴徒,叫他七窍流

117

血，三天也别想从地皮上爬起来。

但是，种族主义者的罪恶的手并没有因此而停止了行动，终于使我为此而流下了眼泪。

那是一个细雨濛濛的早晨，轮船停泊在北美洲东北部的一个港口。我像往常一样怀着兴趣拆着新收到的一堆信件。忽然，一个贴着女王头像邮票的洁白信封引起了我的注意。那是苏珊姐姐的熟悉的笔迹，连忙拆开就看。万料不到映入我的眼帘的第一行字就是：

> 威利，亲爱的弟弟，我流着眼泪告诉你一个不幸的消息……

这是怎么一回事？我立即一口气急匆匆地读了下去。信上是这样写的：

> ……汤米被谋杀了。因为他实践了自己的诺言，在苔丝蒙娜湖底找到了一把绑在木棍上的燧石战斧。据古德里奇教授鉴定，这无疑是属于美洲印第安人的，汤米决定要亲自送到你的手里。
>
> 想不到，消息传出去。当他乘坐的船在南非的德班港停靠的时候，当天夜晚就被人从背后捅了一刀，石斧也被抢走了。留下一张字条，用木炭写着"卑贱的狗"！署名是"种族纯洁委员会"。
>
> 亲爱的弟弟，你可要留神一些，别遭了他们的毒手。

泪水顿时顺着我的面颊流了下来，压抑不住的怒火在胸膛里炽烈地燃烧。

"畜生！"鲍勃大叔看了这封信，气愤地重重一拳打在桌面上。船上的伙伴们都无不感到万分愤怒，当天便簇拥着我，在当地的海员俱乐部里召开了一个记者招待会，宣布了我誓把这项研究工作进行到底的决心，警告种族主义者暴徒不得继续胡作非为。

并提请南非当局协助捉拿凶手，否则便会遭受全世界进步舆论的谴责。

这个港市的群众对托马斯之死表示了极大的愤慨和同情。报纸上立即刊登出苏珊姐姐来信的影印件和我的照片，许多人亲自来到船上向我表

美洲来的哥伦布

示慰问。

　　但是，从非洲极南端传来的反应却是极其令人不满的。不仅不积极缉捕凶手，反而在一家报纸上公然刊登了一篇文章，标题是《圣·玛利亚号水手威利的骗局》。旁边还罗列了好几条引人醒目的副标题："一块棺材板，冒充古代'独木舟'碎片；并不存在的托马斯和他的'石斧'；原始独木舟能够漂洋越海吗？"尽管公正的人们都不会全然相信其中的一些造谣中伤的语言，但是由于许多人一时还不明真相，在这篇文章的影响下，也不得不提出一些疑问来要求解答：在苔丝蒙娜湖底发现的独木舟真是古代印第安人的吗？他们是怎样漂洋越海的呢？……

　　为了最终揭破这个意义重大的疑谜，同时，用严格的科学证据来彻底粉碎种族主义者的诽谤，向全世界宣告历史的真相，美洲的一所大学创议举办一次专门的学术讨论会。邀请世界各地的许多著名学者都来参加。会议开幕的那一天，根据大会主席的安排，在我作了发现经过的报告以后，墨西哥的萨尔凡多博士发表了有关我保存的那块独木舟碎片的碳-14年龄测定报告。

　　"这怎么会是什么棺材板呢？"他说，"它距今大约五千多年，应该归属于采集和渔猎时期的印第安早期文化。当时是原始公社社会，一些在近海捕鱼的印第安人，完全有可能被风暴冲带到远方去。"

　　静默的会场里引起了一阵轻微的骚动，不少人发出啧啧的赞许声。但是不难看出，由于缺乏更确凿的证据，感情不能代替严格的科学，还不能就此作出最后的结论。许多学者企图用种种推理和旁证的方法来加以解释，也无法圆满地回答一切需要正面答复的问题。会议整整开了3天，陷入了僵局。眼看会期就要结束了，依然不能觅求到一种办法来证实这件事，我心里十分焦急。

　　想不到在最后的一刹那，会议主席正要宣布这次学术讨论会结束的时候，大门一开，走进来一位白发老人。我一看，不由高兴得快要喊了起来。原来，这正是我的故乡，郡城历史博物馆的馆长古德里奇教授。

"对不起，由于发掘工作还没有收场，我来晚了一步。"他笑容可掬地向大家招呼说，"我给学术讨论会带来了一件最好的礼物。"

他说着，不慌不忙地朝大门那边打了一个手势，4个小伙子立刻扛着一只被泥炭染得乌黑的橡树独木舟走了进来。

"印第安独木舟！"萨尔凡多博士几乎和我同时喊了出来。

"这只独木舟是在托马斯发现石斧的地方找到的，"古德里奇教授说，"托马斯作出了可贵的贡献。在那儿，我们一共找到7只独木舟。威利的姐姐苏珊证实说，无论尺寸和样式都和当时他们在苔丝蒙娜湖上划过的那一只一模一样。"

"现在，我修正了自己的观点。"他接着说，"不仅认为美洲印第安人曾经到过英格兰，还可以判定他们曾在那里居住过，过着和美洲老家同样的渔猎生活。否则，就无法解释这些独木舟不是保存在海滩的沙层下面，而是在与大海隔绝的苔丝蒙娜湖里。"

"您的意思是说，这是在他们自己的'新大陆'上，按照美洲的样式重新制作的吗？"一位科学家感兴趣地提问。

"正是这样，"古德里奇教授点了点头，"我使用碳-14法测试过独木舟的泥炭和年龄，都是五千多年以前。这个时期是冰河时代结束以来的最温暖潮湿的阶段，植物非常繁茂。从发掘到的化石证明，当时在湖畔的森林里有许多草食和肉食的动物。食物丰富，水草肥美，非常适宜于这些从美洲来的'哥伦布'的生活。泥炭，就是那时的森林死亡以后堆积形成的。"

从独木舟在会场门口出现的第一分钟起，所有的科学家的注意力就被紧紧吸引住了。当古德里奇教授宣布了他对独木舟的年龄测定结果，和萨尔凡多博士测验的数值完全相同时，这些举止沉着稳重的老科学家们也不由得纷纷站了起来，发出一阵阵由衷的欢呼。

"祝贺你们，完成了一项重大的考古发现。"他们一个个离开座位，走到古德里奇教授、萨尔凡多博士和我的面前，握手表示庆贺。

"现在已经有充分的材料，可以证明苔丝蒙娜湖底的独木舟是属于美洲来的'哥伦布'的了。只是还没有办法弄清楚，这些原始时代的'哥伦布'究竟是怎样乘着独木舟漂过辽阔的大西洋？这个问题如果没有满意的答案，还不能算是彻底解决。"一位态度严肃的科学家握着我的手说。

"如果有必要的话，我愿意去试一次。"我无限激动地说。

"年轻人，你疯啦！"他的眉毛略微向上一扬，紧紧抓住我的手，像是担心海浪立时就会从这儿把我卷走似的。

"不！"我说，"我坚信，古代印第安人能够完成的航行，现代的海员一定也能够在同样的情况下做到。我已经打定了主意，要用这种方式来证明美洲来的'哥伦布'曾经到达过欧洲海岸。"

"说得对，你去吧！"他凝视着我的眼睛，神情非常激动。隔了好半晌才说出一句话，"我相信你一定能获得成功，因为你是我所见到的最勇敢的人。"

整个会场都轰动了，摄影机的镁光灯在我的身旁带着"砰、砰"的响声闪个不停。古德里奇教授和萨尔凡多博士走过来，噙着激动的泪水，轮流把我紧紧地搂抱在怀里……

孤舟横渡大西洋

告别墨西哥；海上的种种险遇；谁站在峭壁上等待我？

预定出海的那一天终于来到了。在此以前，曾有许多好心的朋友劝告我，不要以生命为儿戏，去冒这种吉凶莫卜的风险。也有不少人表示愿意无条件供给各种现代化的航海设备，从压缩饼干到海水淡化器，从无线电台到涂有防鲨鱼药剂的救生衣，甚至还有人自告奋勇要驾驶直升机和汽艇护航，或者干脆就和我同乘一只独木舟，以便同舟共济互相帮助，我全都婉言谢绝了。因为我下定决心，一定要严格按照几千年前的古代印第安人的方式去完成这次航行。只有这样，才更加具有雄辩的能力。我也不愿牵连更多的人，因为这毕竟是一次危险万分的航行啊！

我乘坐的独木舟是根据古印第安的样式制作的。为了使这次航行更加具有象征性的意义，特地在尤卡坦半岛的那座印第安古城废墟的郊外砍了一棵老橡树，在萨尔凡多博士的指导下制成了这艘独木舟。船身上散发出新砍伐的树木的清香，船头用鲜艳耀眼的红漆涂写着它的名字："托马斯"号，因为我那永不能忘怀的老朋友——汤米的头发是红的。

那一天，港岸上的群众拥挤不通，纷纷热情地挥手欢送我。这个港市的市长亲自率领了一支印第安民间乐队和一大帮记者，乘坐着一艘漂亮的小汽艇，把我一直送到外海，才依依惜别转回去。

而所有停泊和航行在两边的船只都从前桅直到后桅悬挂满了彩色缤纷的"全旗"①，并且拉出长声汽笛向我致敬。这个十分隆重而又充满了欢乐气氛的热烈场面使我非常感动。这一切，正如当地的一张报纸在第一版的通栏大标题上所写的那样：《航程5000海里，美洲在欢呼，送别自己的"克利斯托芬·哥伦布"——一个现代的"原始"航海家》。

墨西哥的土黄色的海岸线渐渐消隐在海平线下，前面是一派动荡不定的碧波。在开阔的海面上，波浪发出一阵阵哗啦不息的响声。航行的目的地——我的祖国英格兰，就在这一排排起伏无穷的浪涛后面，此刻四顾茫茫，我正处在天和海的中央。漂浮着一朵朵泡沫似的柔软白云的蓝湛湛的天空，像一个大碗覆盖着更加碧蓝的大海。

然而，我并不是孤独的。头顶上，一群群雪白的海鸥急速地扇动着翅膀，环绕着我的独木舟上下飞掠，像是印第安庙宇墙壁上雕塑的那些长翅膀的古代神祇都飞了起来，为我祝福和送别。水下，时不时地有许多游鱼在舟前舟后闪现出身影，似乎对这只崭新而又式样古老的独木舟怀有兴趣，争先恐后地为我在海上导航。

---

① 在欢庆的日子里，船上把所有的信号旗都挂出来，称为"全旗"。

在烟波缥缈的更远处,我知道还有许多友好的眼睛在密切注视着我。

根据太阳的位置,判断出小船正向东北方漂行。从海流的速度和稳定不变的航向,可以推知我已驶入了墨西哥湾流的主流线。

一切都很正常,这是一个好兆头,使我对整个航行充满了信心。如果没有意外的情况,便可以在预期的日子里顺利到达大洋彼岸的欧洲。

现在,除了提防风浪之外,需要特别操心的是粮食和清水。因为古代的印第安人并不知道地球的另一面还有一个大陆,不会有意识地作好一切远航的准备。我扮演着一个在海上捕鱼,偶然被风浪卷走的"原始"渔民。除了随身携带的少量粮食和一小罐宝贵的活命的清水,就再也不能贮存什么食物。否则就将违背历史的真实,这次航行也就会随之而失去了意义,不能用事实来说服任何人了。

为了补救这一点,在离港的时候,萨尔凡多博士手捧着一根用磨尖的黑曜石制成的古印第安式鱼叉,走到我的面前,双目炯炯地注视着我,对我说:"朋友,带上它吧! 也许会给你一些帮助。"

我对这根古怪的鱼叉瞥视了一眼,心里不禁浮泛起一股无法形容的奇

异感觉。这可不是一根普通餐叉,只消握住它,便可以随心所欲地在碟子里叉起一块油汁滴滴的小牛排;而是一柄和海神波塞冬手里的三叉戟相似的庞然巨物,一路上很可能就要凭仗它在浩瀚无边的大海的"汤盆"里来回翻搅,捞取为了维持生命所必需的果腹品了。

前面已经说过,海上的鱼很多,鱼身闪烁的银色鳞光,在波光浪影中不住诱惑着我。当几天以后,随身携带的一丁点儿食物几乎消耗殆尽,饥肠辘辘作响的时候,这种诱惑就变得更加使人不可抗拒了。我眼望着那些在碧波里来回梭游的鱼儿,忍不住抓起鱼叉站了起来,小心翼翼地保持着独木舟的平衡,朝其中最近的一条使劲刺去。

但是,哎——,实在太遗憾了,这条狡猾的金枪鱼在水里猛地一转身,鱼叉落了空。连它那像舵片似的尾巴也没有沾上半点,就眼巴巴地瞧着它摆了摆身子,在水浪里隐身不见了。我只好重新选择目标,一叉接一叉地往水里刺去。可是,尽管我累得汗流浃背,气喘吁吁地折腾了好半天,最后依旧两手空空。有一次,由于用力过猛,没有站稳身子,一骨碌跌进了水里,弄得像个落汤鸡似的攀上小舟。

只是在这个时候,我才注意到在鱼叉的木柄上刻着一行小字:

"信念,勇气,耐心。"

毫无疑问,这是萨尔凡多博士赠给我的一句临别箴言。也许他早已预测到我在海上可能遭逢到的一切,才把这根刻写了箴言的古代鱼叉赠送给我。是的,为了探索一个早已被人们遗忘的远古秘密,驳斥一切怀疑和偏见,证实古印第安人曾经首先横渡大西洋来到另一个大陆,我必须满怀必胜的信念,鼓足勇气和耐心来迎接一切严酷的考验才行。眼前一个迫在眉睫的问题是,我必须尽快学会使用这根鱼叉,从海里捞点东西起来填饱肚子。这不仅关系到自身的生存,还决定着整个航行计划的成败。

想到这里,精神不由一振,站起身紧握住鱼叉,重新朝水里刺鱼。好不容易才摸索出一些使用规律,费了很大的劲儿,又住了一条鲜蹦活跳的大鱼。当把它从海里拎起来的时候,我早已饿得肚皮贴着脊梁骨,浑身酸软,没有半点劲了,只好像真正的原始人一样,皱着眉头把它生吞了下去。这时我才深深明白,这种原始的捕鱼技术并不比我在"圣·玛利亚"号甲板上的活儿更轻松,从而不得不对那些只凭着一叶小舟和一柄鱼叉,漂洋越海的先驱们表示由衷的钦佩。

于是我就是这样,依靠所能抓到的极少数几条生鱼,搭配着极少量的剩余干粮,饱一顿、饿一顿地勉强支撑下去。

在开阔的洋面上,风浪很大,这是过去我在大轮船上所从来没有认真体验到的。独木舟好像是一根光溜溜的漂木,在浪头上来回晃荡着,顺着汹涌的海流向前急速地漂去,真是危险极了。不知有多少次,几乎被风浪倾翻,幸好我及时保持住平衡,才没有发生覆舟的悲剧。

但是我终究不能像是神话中的百眼巨人似的,时刻都能及时觉察到来自各方的危险。有一次,小舟刚从一个大浪下面逃出,另一个像小山般的更大的浪头又迎面猛扑过来。我被折腾得晕头转向,一时还没有弄清是怎么一回事,立时就被腾空抛了出去,跌落在深陷的波谷里。

糟啦!我连忙奋力挣起身子,向四处寻找独木舟。要是丢掉了它,纵使我有天大的本领,也休想逃脱性命,更甭提漂过大洋去完成那不平凡的使命了。这时,我已被卷在汹涌的波涛中,四周都是飞速滚动的海水。蓝玻璃般半透明的水浪像拳击师手上的皮手套似的,一下接一下无情地扑打在我的面门上,眼睛也被盐水迷住了。要在这一片咆哮不息的怒海中找到一叶小舟,可不是一件轻松的事情。

"怎么办?要是丢掉了独木舟,就一切都完了。"我暗自思忖道,尽力在海水里挣扎,企图探起身子朝四面观看寻找丢失的小船。可是在疾风的驱赶下,海浪像发狂似的翻翻滚滚地奔流着,在这一片喧嚣不息的风暴的中心,要想保持住身子的平衡不被大海吞噬下去,已经是很不容易的事情了,还指望找到独木舟,真是比登天还困难。

"波浪会不会把它冲得太远?"

"它该不会已经沉掉了吧?"

一个又一个可怕的念头,在我的嗡嗡作响的头脑里飞速地闪动着。如果其中任何一件是真的,后果就不堪设想。

但是,萨尔凡多博士赠给我的那句可贵的箴言,"信念,勇气,耐心",在这生与死、成功与失败的关键时刻,忽然在脑海里浮现出来。是的,只有充满信心,耐着性子,寻找一切机会,付出百倍的勇气,才有可能把握住命运达到愿望。尽管无情的巨浪接连不断劈头盖脸地压下来,四处飞溅的海水盐沫把我的眼睛刺得红肿发疼,我的头脑却开始冷静下来,暗暗下定了决心,哪怕只存在着百万分之一的希望,也要设法抓住它,找回自己的独木舟——

那涂写着为这项科学探索献出了生命,亲爱的伙伴红头发托马斯的名字的印第安式独木舟。

海神啊!我向你宣告:我,威利,不是一个任凭你随意拨弄的软木塞。在我的心胸里,渴求真理的火焰在熊熊燃烧,决不允许无知的风浪来摆布自己和这项科学研究的命运。

我咬着牙,一面加紧挥动着手臂拨开层层海水,一面在头脑里飞速地盘算着一切,把过去在头脑里所积蓄的全部航海经验都运用出来,仔细分析当前的紧急形势,寻找最妥善的行动方案。

从现有的情况判断,由于这是一只新砍伐的树木制成的独木舟,并没有负载任何重物,只要不经受极其沉重的打击,也许不至于马上就沉没,我刚被风浪从独木舟里抛出来不久,当时的风势还没有变化,正一股劲儿地朝东北方吹刮,它若是还没有沉下去,就不会漂流得太远。

我开始定下心来,看清了水势,将身体顺着海流的方向,努力泅浮到波峰最高的位置,设法探明独木舟的下落。可是,尽管浪涛一次又一次地把我举起,却总也看不见向往中的独木舟,心里真的发急了,开始怀疑贪婪的海神会不会真的张开大口把它吞了下去。

正在危急之中,又一个大浪把我高高抛送到它的浪尖上。趁着这一刹那抬头一看,才瞧见我的那只独木舟正在前面不远的地方。它也随着波涛

127

起伏,像一根火柴棍儿似的在水浪里上下浮沉着。我立即瞄准了目标,排开层层波涛的障碍,直朝那边游去。但是,在这汹涌不息的海面上,它竟像是有人操纵着似的,始终在前面不远的地方漂浮着,若即若离的,一会儿消失在浪花中,一会儿又露出一丁点儿头尾,把我逗得心痒痒的,却始终赶不上。好不容易才挨到风势稍稍平息下来,海面恢复了平静,使尽最后的力气赶上了它。当我伸手抓住船舷,精疲力竭地爬上去的时候,一下子就晕倒在船舱里了。

不知过了多久,我才慢悠悠醒了过来。这时,天色已经晚了,一轮血红的落日缓缓沉进了大海。它在临沉下的刹那间,像是无限依恋地斜瞥了我一眼,轻轻揭开它亲手披在我身上的霞光织成的被子,让黑夜把它那冰冷的大鳖覆盖住我。在朦胧的夜色里,我支起疲乏的身子,借着星光察看了一下舱里的情景。这才发觉除了鱼叉由于用绳子缚得很牢,还没有丢失外,所有的其他物件,包括水罐和最后一点舍不得吃的干粮,全都被海水冲走了。前面不知还有多远的路途,这可怎么办才好呢?

由于失去了清水,我更加感到说不出的焦渴。但是一时也想不出更好的办法解除困境,只好躺在狭窄的船舱里,仰望着天空中不住闪烁的星星焦急地思索,任随海流把我连人带船往前推去。

海,在远处模糊不清地吟唱着。小船像摇篮一样在水波上轻轻晃荡,就像是在可爱的英格兰故乡的农舍里,妈妈正坐在我的身边,轻声哼吟着一支最悦耳动听的摇篮曲催我入睡似的。但是瞻望前途茫茫,心中十分烦躁,躺卧在狭窄的船舱里始终无法合上眼皮。我十分明白自己的处境,虽然眼前已经逃过一场风暴的袭击,但是漂泊在这风云莫测的大洋上,会不会遭逢新的危险,未曾被墨西哥湾流冲带到彼岸,就在中途葬身鱼腹?这可真是毫无半分把握的事情。

我的顾虑并不是多余的。第二天早晨,当太阳神阿波罗驾驭着金色的马车,从霞光万丈的东方大海里冲开波涛跃上了天空,把光和热的金箭尽情撒向下界,还不到晌午的时候,我就被晒得头昏眼花、舌焦唇燥,在光溜溜的独木舟里无处躲藏,简直难以多忍耐一分钟。眼前虽然置身在一片迷迷茫茫的水域的中央,波光粼粼极目不见边,在热带的骄阳下面闪烁着星星点点诱人的亮光。

但是它又苦又涩,怎么能解除焦渴呢?我就像沙漠里的遇难者一样,被折腾得头晕目眩,喉管干沙沙的像是要冒火,差一点又昏厥过去。

更糟糕的是,不知从什么时候开始,有两条鲨鱼出现在独木舟的后面,越游越近,一直逼近到跟前了。这是一种热带海洋上特有的宽纹虎鲨,黄褐色的躯体上横布着许多暗褐色的条纹,两双狡黠的小眼睛紧紧盯视着我,毫无掩饰地流露出不祥的凶光,张开可怕的大嘴巴,活像是两只在丛林中一蹦一跳的猛虎。瞧着瞧着的,其中一只倏地一下直冲过来,用它那略带方形的额角猛撞了独木舟一下。它们的策略是十分明显的,企图撞翻独木舟,使我跌下大海,然后从容不迫地大嚼一顿。

它们在波涛里一腾一挪,从左右两边绕过来夹击我的独木舟,互相更替着,一下又一下地猛撞船身,激烈的震荡,加以大海本身的波动,使小船危险万分地来回摇摆,我在船里几乎坐不稳身子。

此时此刻,我的每一根神经都像是绷紧了的弦,真是紧张极了。刹那间我记起了许多老水手讲述过的各种各样的鲨鱼吃人的故事。在那些充满了血腥味的悲惨记录中,不乏先例说明这种凶猛的"海上之虎"如何主动进攻一只小船,把它撞沉或是从水下拱翻,然后极其残酷地噬食不幸的落水遇难者。当我一面竭力保持住小船的平衡,使其不至于倾翻,一面和咫尺之间的虎鲨互相紧张地打量着的时候,心里可真不是滋味。

不,我决不能困坐在这小小的独木舟里束手待毙。我的手中并不是没有武器,要驱赶开它们,只有拿起萨尔凡多博士赠送给我的那根鱼叉,像古代的印第安战士那样和这两个该死的畜生作一场殊死的搏斗。

"勇气!"我想起了刻写在鱼叉上的箴言中的两个字,一股不可阻遏的力量陡地从胸间升起,推动着我霍地站起身子,不再只是为了防备跌入水中而消极地躲避,改变了一种方式,看准了从左面冲过来的一头虎鲨,出其不意地猛刺过去。这一下真是刺得准极了，黑曜石刃尖一下子刺穿了它的背脊，一股红殷殷的鲜血顿时像喷泉般迸射出来，染红了周围的海水，由于刺得很深，受伤的鲨鱼疼得直打滚，以致我一时无法把鱼叉拔出来。

海浪急速不歇地滚动着，那只鲨鱼猛地一扭身子，险些儿弄翻了小船，把我拖下海去。只听得噼的一声，鱼叉的木柄折断了，受伤的鲨鱼的背脊上插着大半截鱼叉，载沉载浮地从侧面游开了。

几乎与此同时，另一条鲨鱼又猛袭过来。这一次，它采用了一条更加诡谲的计谋，笔直潜游到我的船底，猛地一拱身子，独木舟被撞得船底朝天，我被抛下了大海。鲨鱼不慌不忙地在海上兜了一个圈子，准备扑上来捕食我。

正在这个时刻，在急速动荡的波光浪影里，我仿佛瞥见了一条更加庞大的黑影从水底迅速升起来，慌乱中没有看清是什么东西，好像是一条体形特大的灰黑色的鲨鱼。天呀！这一来我的海上冒险事业眼看可就真的要完蛋了。

但是，一个意想不到的奇迹立刻出现了。这条怪鲨鱼竟不朝向我这个唾手可得的"食饵"进攻，而是直朝那只凶恶无比的宽纹虎鲨扑去。在迅速翻卷的浪花里，我似乎瞥见它们在水下猛撞了一下；接着无论是刚才张开大口想吞噬我的虎鲨，还是那条奇怪的大鲨鱼全都消失了踪迹，眼前只是一片蓝幽幽的海水，显得异常冷清。

我这才得到了喘息的机会，游过去把船底朝天的独木舟翻转来，坐在船舱里，用手拭了拭眼睛，怀疑自己是不是做了一个梦。

然而金灿灿的热带太阳正当顶曝晒着，海上漂浮着一团未曾消散尽的鲨鱼血痕，一切都表明是一个极其真实的环境。也许是善良的普洛透斯，那古希腊传说中变化无穷的海中智慧老人，化身为一条大鲨鱼在最危急的时刻搭救了我的性命吧！

然而，我再也无法来仔细琢磨这个古怪的问题了，经过了一场激烈的搏斗之后，周身变得酸软无力，饥饿、焦渴和疲乏都一下子袭了上来，只觉得眼前一黑，就仰面跌倒在船舱里人事不省了。

我在独木舟里不知躺了有多久，一阵冰凉得沁人心脾的水点洒在面门上惊醒了我，朦胧中只觉得小船在剧烈地簸动，连忙睁开眼睛一看，原来天下雨了。

这场雨把我的周身淋得透湿，使我完全恢复了清醒。过去我在航途中曾多次尝过这种暴雨的滋味，老是埋怨它突然在天空中降落，使人猝不及防，淋湿了舱面上的货物，给我增添了不少麻烦。可是却从来也没有像今天这样令人高兴过，因为它可以源源不绝地供给我以清水，帮助我沿着古印第安人的足迹横越过辽阔的大西洋。

这时只见天空中布满了灰沉沉的云块，紧压在头顶上方不远的地方，使天和海之间只剩下很狭窄的一道缝隙。在这一丁点空间中，到处都飞溅着密密匝匝的雨点，远处、近处一片水雾迷蒙，仿佛天河的底被捅漏了似的。

热带的暴雨虽然来势凶猛，可也有来去飘忽无踪的特点。机不可失，我连忙用双手掬住，接了一些雨水喝了几口。船舱里也积了不少水，又伏身下去咕噜咕噜地喝了个痛快。在热带地区经常有这种暴雨，再往北去，进入如今正是阴雨霏霏的季节的西欧沿海，只要注意节约用水，就有可能勉强拖过去了。

但是，食物仍是一个难以解决的问题。失去了鱼叉，我总不能跳下海去赤手空拳地抓鱼吃啊！

我把目光转向大海，海是缄默的，微微起伏的水面闪烁着捉摸不透的波光。海啊！神秘的大海，难道你不疼惜一个水手，悭吝得竟不肯付出哪怕只是一条小鱼，让我维持住生命？

热带雨后的海上是宁静的，天空像是被雨水彻底冲洗过一遍，显得特别明净。我饿得奄奄一息地半躺在小船里，眼巴巴地望着一群又一群的鱼儿在面前游来游去，束手无策地想不出半点捕捉的办法，感到十分懊恼。唉，善良的普洛透斯，要是这时你能施展出神通，重新给我一柄印第安鱼叉，该有多好啊！

忽然，像是对我的心事作出回答，平静的海面起了一阵浪花，一群热带所特有的飞鱼冲开波涛，扇动着翅膀般的前鳍，一条接一条地从水上飞了起来，横越过小舟，就在我的鼻尖下飞过去，其中一条气力不佳，半途跌落在船舱里，还想挣扎着飞起来，我连忙扑上去一把抓住。接着又像捕捉蝴蝶似的，用手掌迅速击落了跟在后面的几条飞鱼。现在，满可以饱饱地吃上一餐了。但是我忍住嘴，并没有把所有的鱼都吃完。因为我很明白，这只不过是侥幸而已，同样的情况绝不可能再发生第二次。我灵机一动，打定了一个新的主意，要留下一些鱼肉来做饵，在海里钓鱼，以维持食物的经常性来源。

这项工作说着似乎很容易，做起来却十分困难。因为我缺乏挂饵的鱼钩，只能把系着鱼肉的绳子挂在船边引诱鱼群，待它们游近的时候，突然伸出手去捕捉一条。过去在苔丝蒙娜湖边，红头发托马斯曾经教我用这种方法抓过鱼，心里还有几分把握。想不到这种儿时熟稔的伎俩真灵，或许是由于大洋里的鱼对人们缺乏应有的警惕，当我感到万分心疼地损失了几块饵料以后，终于使出一个闪电般的动作，逮住了一条行动略为迟缓一些的大鱼。我尽量节省着吃了好几天，最后用鱼骨磨制成了一个真正的"鱼钩"。这样，我就不愁没有更多的鱼儿来上钩了。

时间一天天过去，每过一天，我就用指甲在船身上刻划一道痕迹，就像海上鲁滨逊似的，在独木舟上漂泊了很长一段日子。

滚滚滔滔的墨西哥湾流像是一条巨大的传送带，日夜不息地把我漂送往东北方向。南方夜空中特有的美丽的星座，一个个在起伏不定的海平线上逐渐沉沦下去，北极星带领着灿烂的拱卫群星在天穹上越升越高。拂面的海风开始挟带着一些儿凉意，这一切都表明我已经接近了高纬度的欧洲海岸，向往中的目的地已经不远了。

在航程的最后两三天里，我没有钓上一条鱼，也没有得到一滴雨水来浸润干渴得快要冒烟的喉咙眼儿，身子变得极度虚弱，几乎没有气力支撑起来了。甚至由于又饥又渴，还曾几次昏厥过去，在横扫过小舟的浪花的淋洗下才慢慢清醒过来。但是在即将取得最后胜利的希望的鼓励下,我却满怀信心地忍受着这一切灾难的煎磨,整天伏在船头上朝向远方察看,冀图眺见那随时都可能在眼前浮现的海岸影子。

大海的远处闪烁着模糊的波光,一眼望去,海面无限空旷,海平线是那样的遥远,远得既听不清那儿的波涛声响,也无法从沉沉的雾霭中分辨出任何具体的形影。独木舟顺着海流缓缓地漂浮着,直朝那不可捉摸的远方驶去。

这时,我的精力已经消耗殆尽,头晕眼花地伏在小船上,几乎不能动弹一下,开始认真考虑一个严肃的问题:海上一切未可预料的事情随时都可以发生,我再也没有精力来应付不测的事件。

自己是否能够活着漂过大西洋,把探索胜利的消息告诉亲爱的故乡英格兰和所有一切关心这一问题的人们,完全没有一点把握。但是当我把耳朵贴着船底,倾听见海流在船身下面发出一阵阵十分清晰的哗哗不息的声响,就不由又从内心里发出宽慰的微笑。因为水声表明了流势很正常,正载负着我的独木舟直朝欧洲方向驶去。如果独木舟漂到了岸边,即使我不幸在途中牺牲了生命,也能在一定的程度上证明我的推测的合理性,说不定还能激发起后来的人们继续探索的信心。我慢慢伸出手去,在船身上又刻划了一道表示日期的痕迹,并把记录本从怀里掏出来,写完了这一天的航海日记以后,用防水的塑料袋小心地包裹好,紧紧缚在船上,准备万一波浪将我卷走了,还能把原始记录完整无缺地奉献在全世界人们的面前。

在海上的最后几天,就是这样不饮不食,奄奄一息地躺倒在船舱里度过去的。突然在一个寒冽的清晨,睁开眼睛时,看见有几只周身雪白的水鸟在头顶上不住飞旋。它们逐渐降低高度,围绕着独木舟飞了一圈又一圈,仿佛对我和这只陌生的小船感兴趣似的。

"水鸟是陆地消息的最先报告者,有了它们,陆地就不会太遥远了。"我兴奋地想道。

约摸在几个小时以后,当眼睛已经望得酸疼的时候,终于在海的远处瞥见了一抹陆地的阴影。起初它极其模糊不清，只是蜷伏在天穹下面的一条位置极低、极低的黑线，在浪隙间不住闪现着影子，仿佛每一个掀起的波涛都可以把它吞没似的。后来随着小船越漂越近，它在海平线上便愈升愈高，渐渐分辨出这是一道深灰色的陡峭崖壁。多年的航行经验告诉我，这不会是别的地方，应该就是我的亲爱的祖国的极北端，苏格兰高地的海岸线。啊，我有多么高兴呀！我终于通过自身的实践，十分圆满地解释了苔丝蒙娜湖底的独木舟之谜。证实了确曾有少数的古印第安人，作为海上遇难的幸存者，在哥伦布发现新大陆之前的很久，首先随波逐流到达了我们的这块古老的旧大陆。这该是考古学上的一个重大的发现，对于种族主义者所散播的所谓"白种人永远高于有色人种"的谰言，又是一个多么辛辣的讽刺啊！

在巨大的胜利的喜悦的鼓舞下，我使出了一股就是连自己也无法想象的力量，摇摇晃晃地在独木舟上站了起来，使劲挥舞着手臂，企图引起岸上的注意。想不到正在这个时候，使我万分惊诧的是，忽然在我的面前浮起了一艘小型潜水艇。舱门一打开，走出来古德里奇教授、萨尔凡多博士、鲍勃大叔和好几个记者、医生、佩戴氧气面罩的潜水员。原来，他们极其关心我的安全，又不愿公开露面打扰我，一直隐伏在水下悄悄跟随着独木舟，从美洲直到这里，准备在最危险的时刻才出面营救我的性命。从船体的外形和大小，我悟出了帮助我摆脱开虎鲨的进攻的那条"怪鲨鱼"，原来正是这艘由朋友们所驾驶的潜水艇。

抬头看，峭壁顶上也出现了一大群人。那是潜水艇里的朋友们仔细测量了海流的方向和独木舟的漂行速度以后，用无线电通知他们预先到这里来等候我的。他们挥舞着鲜花，不住呼喊着：

"欢迎，欢迎，热烈欢迎美洲来的'哥伦布'！"其中的一个是苏珊姐姐，她第一个从山崖上奔跑下来，跳上涂写着红头发托马斯的名字的独木舟，把我紧紧搂抱在怀里，在我的脸颊上吻了又吻，说：

"亲爱的弟弟，你还记得我们在苔丝蒙娜湖上的那一次航行吗？你真的像汤米当时所说的那样,在大洋彼岸'发现'了一个'新大陆'。"

听着她的话,我笑了,回答说:"可是这一次是由西向东,而不是红头发埃立克由东向西的航行啊!"

"航向并不重要,"她热情洋溢地说,"重要的是你漂过了大西洋,解决了一个重大的远古疑谜,这可比哥伦布要早得多呢!"

"好啊!"崖上、崖下的人群齐声欢呼着,声音震动了山崖和大海。回头看,初升的太阳的霞光已把西边极远处的海面照亮了。

我深深相信,霞光一定会把我们的欢呼也传带到独木舟出发的地方,那边,美洲的朋友们在翘望着,将会为一项蒙罩满了历史的灰尘的事件被重新证实,同声发出由衷的欢呼吧!

新"诺亚方舟"①

　　我,阿里·赛义德·辛伯达,从圣城巴格达通向波斯湾和广阔世界的门户——巴索拉港,扬起飞船的太阳帆,飞上宇宙太空啦!临行的时候,年迈的妈妈泪水涟涟地望着我。仿佛我不是去进行一次愉快的太空旅行,倒像是生离死别,奔向脱离尘寰的天堂净界和幽冥地府,从此永不归来似的。

　　许多亲密的朋友都紧紧握住我的手,语重心长地劝阻我:"辛伯达,快打消你的脑瓜子里的这个古怪念头吧!太空里没有可口的羊肉馅饼,也没有荫凉的椰枣树。那儿一片黑暗,充满了寂寞、寒冷和种种致命的危险。甚至安拉的使者,也从来不去光顾那些遥远的阴暗角落。弄得不好,你会像你那著名的同名祖先②一样,遭逢各种各样不测的灾难。与其这样担惊受怕,倒不如安安稳稳坐在巴格达的家里,享受人世间的温馨和天伦乐趣。"

　　我承认,这番话说得确有几分道理。如果当时我能够冷静下来,压抑住激烈跳动的心,预见到未来的磨难和周折,也许会罢住手,及时跳下飞船,把心和眼睛都永远留在人间,再也不做瑰丽的天空梦。可是俗话说:"天空是陷阱,诱引着人们的心。"骆驼队在沙漠里,远航船在大海上,年轻的农夫站在贫瘠的土地中央,仰望着碧空,曾经萌发过多少美妙的幻想和愿

---

　　①　选自《辛伯达太空浪游记》。

　　②　指《一千零一夜》中的水手辛伯达,曾经从波斯湾内的巴索拉港出发,历尽艰险,在海上作了七次离奇的航行。

望？冷漠和天空给予了他们什么真实的安慰？但是古往今来一代又一代，人们还朝着空荡荡的蓝天顶礼膜拜，岂不正因为那儿有一种奇异的吸引力？

在我的眼睛里，天空是广阔的新大陆。和它的无边无垠比起来，象征七重天的蓝色清真寺，和与它毗邻的"宇宙的眼睛"——大名鼎鼎的圣索菲亚教堂①，简直微不足道，算得了什么？当时我正年少气盛，胸膛里跳跃着一颗愚蠢透顶的好奇心，血管里燃烧着渴求探索新天地的炽烈火焰，对我们这个狭窄的星球上的生活，早就感到厌烦腻味了。试问，除了神秘的茫茫太空，我还能到哪儿去溜达？难道还要去炎热沉闷的红海，枯燥乏味的北极冰场和印度洋底的水下珊瑚礁花园，寻找生活的乐趣和新的刺激么？

不，古老的地球已经像任人参观过千万次的金字塔，丧失了一切神秘感。对一个属于充满了热烈幻想和勇气的新时代的青年来说，只有广漠无边的宇宙太空才是唯一的出路。

我在准备出航的日子里，整天都沉浸在想入非非的幻梦里，一心指望一下子就发现一大串没有人知晓的新星球。用亲爱的故乡巴格达，古老的波斯湾，以及妈妈和我自己的名字，给它们一一命名。唉，我那死心眼儿的老妈妈呀！您可懂得孩子真诚挚爱您的心？我将要通过自己的冒险活动，来为您在天空中取得一个永恒的星座位置，那该有多好！

噢，我实在是太激动了，兴冲冲地拉开了启动阀，只来得及回头挥了挥手，就一溜烟飞进了深邃无边的宇宙太空。想不到为了满足幼稚的好奇心，我终于为此而吃尽了种种难以形容的苦头。

如今当我重新安坐在巴格达的家中，一面啜饮妈妈端送在面前的热气腾腾的鲜羊奶，一面抬头眺望耸立在窗外街心广场上的水手辛伯达的花岗石像，不禁思绪起伏，感慨万端。

是啊，我也曾和他一样，离乡背井不多不少作了七次冒险航行，见识了不少异星球的奇特风光，领略了那里的风土人情。可是远航给我带来了什

---

① 蓝色清真寺和圣索菲亚教堂，都在土耳其的古都伊斯坦布尔。

么好处呢？只是如今我才深深明白，除了我们脚下的古老大地，宇宙空间里并没有任何理想中的乐园。如果说我在这些航行中也曾有所收获的话，那就是一连串使人永远难以忘怀的教训。人们啊，可要注意！爱护大地吧，别把眼睛老是朝着天上。千万别让我们这个古老的星球，也蒙罹那些遥远的天外世界的不幸命运吧！

亲爱的朋友们，从这一点出发，我诚心诚意奉献在你们面前的，就不仅是一些难以记忆的外星球的名字，和离奇古怪的故事了。记得阿拉伯一位先哲曾经说过："在荒诞的神话外衣里，也许寓有一颗严肃的心。"当你们仔细读完了这一篇篇真实可靠的回忆录以后，就会领悟这的确是一句颠扑不破的至理名言啦！

现在，请您赏光翻开这本薄薄的小册子，阅读我的第一次宇宙航行的故事吧！

我没法用恰当的语言来形容，当我刚飞进太空时的兴奋心情。蔚蓝的阿拉伯晴空，在我的眼前一下子就幻化成无边无际的宇宙长夜。这儿那儿，到处缀饰着成列成串的璀璨明星。由于没有空气这个顽皮精灵的捉弄，它们变得更加金光灿亮，再也不无缘无故地眨巴着眼睛，仿佛都换了一张张陌生面孔似的，予人以一种特殊的新鲜感觉。我怀着无限欢愉的心情熄灭了发动机，把安装在飞船顶的一面金属薄膜大帆升得更高，任随万能的太阳用它那无所不在的光压推动着飞船，朝向迷迷茫茫的星空深处漂去。

我记不清飞行了多少日子，说不完曾从飞船的舷窗里朝外眺见了多少幅太空奇景。终于有一天，一颗陌生的星星出现在我的飞行轨道上，在我的面前越变越大，我选择了一块平地降落下去。

它给我的第一个印象是满意的。这儿有连绵起伏的山冈，闪烁着翡翠般碧绿亮光的湖泊和河流，比我的阿拉伯故乡更加逗人喜爱。

"这是宇宙海洋中的一座青葱的小岛。在我的航程中首先遇见它，准是一个好兆头！"我乐滋滋地想道。

可是，噢——，当我打开飞船的舱门，刚踏下一只脚，这个甜蜜的印象

新"诺亚方舟

便立刻颠倒过来了。一大群尖嘴蚊子密密匝匝地猛扑上来,立刻就在我的面孔和手臂上叮了许多青皮疙瘩。加上四周一阵阵吵闹个不停的昆虫鸣叫,弄得人心烦意乱,欣赏风景的兴致一下子就烟消云散了。至于风景呢,我这才看清楚。几乎所有的树木都被虫蛀坏了,枝头的树叶稀稀拉拉,黄不黄、绿不绿的非常难看。不知这里有没有专门除虫的啄木鸟,都躲到哪儿去了?

"这准是安拉的疏忽,"我想,"为什么要在这个美丽的星球上,撒下这样多讨厌的小虫子?"

我捂着脑袋往前走了一段路,越来越感到有些不对劲儿,为什么在碧净如洗的天空中,竟没有一只雀鸟?唉,现在要是有一只燕子,哪怕是小麻雀也好,准能把眼前这群死死纠缠我的毒蚊消灭得一干二净。

可是,在继续探索这个新世界的好奇心的激发下,我却没有用心思考到底是什么原因,不知不觉地离开飞船越走越远,步入了一个阴沉沉的大森林。在这里,我发现了第一个野兽活动的痕迹。

这是一串巨兽的脚印。从它的大小、步距和深陷程度估算,比地球上的大象壮实多了。如果此时此刻我和它在森林小径上迎面相逢,必将会带来许多意想不到的麻烦。值得庆幸的是,这串泥地上的脚印已经半硬结了,其间还簇生了一丛丛青草,显然是很早以前留下的"化石"脚迹,谁知这种巨兽是否还存在于世间呢?

仿佛是为了对我作出回答。忽然,我听见林间传来一阵簌簌声,一头半鹿半羊状的野兽从我的面前飞也似的窜跳过去。接着,从对面的树丛里响起砰的一声,它就栽倒在血泊中一动也不动了。

这一切很像是一场标准的科学幻想电影。我还没有弄清楚是怎么一回事,就从枪声响的地方走出两个装饰古怪的人形动物。和我们不同的是,他们的面孔像刷了一层石灰样的苍白,似乎都患了极其严重的营养不良症,后面还拖了一根可笑的长尾巴。尾巴上有布片遮掩,像是穿了一条三脚裤管的长裤。不消说,这是两个到林子里来解闷的猎人。

"喂！"我为终于遇见了这个星球上的智慧生物而非常高兴，从藏身的树后走出来，向他们挥手招呼。可是，我万料不到这种寻求友谊的表示不仅没有得到应有的报答，相反却招惹了一场天大的祸事。

那两个苍白面孔的猎人瞧见我也吃了一惊。我还来不及招呼第二声，其中一个人就用尾巴稳稳当当地支撑住身子，瞄准我放了一枪，立刻把我打翻在地。他们走到我的跟前，似乎对我感到非常稀奇，叽里咕噜地议论了一阵子，然后取出一根绳子，把我和那头"鹿羊"捆在一起，倒吊在木棍上抬走了。

"这些该死的蛮子！难道是用这种方式来欢迎客人吗？"我非常气愤，用尽了人间的一切最难听的脏话来咒骂他们。可是这又有什么用处呢？他们根本就不理会我的抗议，反倒怪腔怪调地哼起小调子。我无计可施，只好耷拉着脑袋，任凭命运女神对我随意摆布。

这段路很远，使我能有机会仔细打量周围的情况。他们也有耕地，但是和森林一样，也很不成样子。使我感到非常诧异的是，除了那头"鹿羊"，我没有见着别的任何飞禽走兽。可是在田地里，却有成群结队的灰毛老鼠，比希贾拉沙漠骆驼脚夫身上的虱子还多。密密麻麻的小虫子肆无忌惮地争食作物叶片的声音，远在几百步我也能听得一清二楚。在地球上要是遇见这种情况，人们早就逃荒了。从这一阵阵叽叽喳喳的昆虫嚼食声中，我开始意识到长尾人的面色苍白的一部分原因，准是食物匮乏，营养不良吧！但是我仍然有些不太相信自己的眼睛，怀疑这会不会是一场梦，或者由于我正被倒吊着，天地间的一切观念都颠倒过来了？噢，这真是一个迷幻的世界。

我还发现在路上没有机动车，也没有任何畜力车，所有的来往车辆都靠人力拖拉。因此我敢断言，尽管他们已经发明了火药枪，文明程度却远远落后于地球。此外，也进一步判明这个星球上的确非常缺乏飞禽走兽，很可能连蛇也没有。要不，老鼠和昆虫为什么那样猖獗？怎么会用人拉车，并扛着我和那头"鹿羊"吃力地走老远的路呢？

最后，我被带到一个小镇上，有更多的长尾人拥出来围观，极其兴奋地对我指指点点。在他们的脚下，居然也有许多老鼠到处乱窜。它们从四面八方的墙缝和窟窿眼儿里钻出来，伸长了脖子好奇地偷偷窥看我。长尾人似乎对这种可憎的啮齿动物已经习以为常了。有人使劲跺跺脚，或是用富有弹性的尾巴挥赶它们一下。可是不到一会儿，它们又厚颜无耻地围上来了。

长尾人为了看得更仔细，索性把我剥得一丝不挂，放在人丛中拨来拨去地来回观看。当他们俯身检查了我的臀部，发现没有尾巴以后，全都瞪大了眼睛啧啧称奇，活像是真的瞧见了一头罕见的"怪兽"。

我注意到，其中一个留山羊胡子的秃顶老头儿似乎对我特别感兴趣。他边看边记录，还拍了几张照片，不停地用"卡波杜兹"这个词对别人解说，他们听后，就一面点头、一面用尾尖拍地，表示理解和对他的尊敬。

也许正由于很难猎获到一头野生动物，那天晚上，面有饥色的长尾人们为此而举行了一场盛大的篝火晚会。他们首先把那头"鹿羊"剥了皮，串在一根铁条上，在火上翻来翻去地细细烧烤。

不消说，这时我的伤口非常疼痛，也正饥肠辘辘，一种从未有过的恐怖感笼罩着我，完全没有心思去妄想那诱人的香气和可口滋味。

"我会不会也落得同样的下场？"我神情紧张地苦苦思考着。我敢打赌，就是我那勇敢的同名祖先在第三次航行时，落在残暴的黑巨人手中，亲眼瞧见他撕碎了同行的船长塞进嘴巴，也不会比我感到更加恐怖。

我的预感有错。过了一会儿，果然就有几个老号食客踱了过来，一面馋涎欲滴地呷吧着厚嘴唇，一面用长尾巴轻轻拍打我的肚皮，并提起我的胳膊和大腿来回翻看，像是在品评究竟应该用什么方法来烹制我似的。最后，他们好像打定了主意，一个相貌凶恶的家伙提起可怕的厨刀，扭住我的脖子，准备使劲砍下来。我吓得连忙用双手捂住面孔，认为死期已经来临，再也别想瞧见亲爱的巴格达和妈妈了。此时此刻，除非全能的安拉亲自显灵，才能搭救我的性命。

想不到在这个节骨眼儿上，安拉没有出现，那个秃头山羊胡子先生却像天使似的忽然从人丛里钻了出来。

"卡波杜兹！"他挡住了贼光乌亮的厨刀，手指着我大声呼嚷，和那伙一心一意要尝我的肉味的食客激烈争论了一阵子，才暂时放过了我。但是从他们那馋得冒出炽烈饥火的目光里可以看出，放弃了这一顿美味的"卡波杜兹"大餐，他们并不是心甘情愿的。我只不过像一条已经被剥去了周身的鳞片的鱼，侥幸从烧得滚沸的油锅里跳出来，总有一天，他们还会把我丢下锅的。

在山羊胡子先生的庇护下，我被带到他的家里，用绳子缚在厨房内的一根桌腿上。

这儿是我的临时牢房，也是老鼠的天堂。山羊胡子先生刚关门走出去，从每一个瓶儿罐儿的后面，就跳出来一只只龇牙咧嘴的大老鼠，仿佛对我无故侵犯它们的领地很不甘心似的。我深信，这时如果有一只地球上的家猫冒里冒失地闯进来，也准会被这伙凶神恶煞的灰毛老鼠吓破胆，不会比我表现得更加神气些。

143

过了一会儿,好心的山羊胡子先生又推门走进来。由于不了解我的生活习性,他撒了一把类似玉米粒的谷物喂我吃。在饥饿的驱使下,我皱着眉头勉强吞咽了几粒,实在太干太硬难以下咽,最后全都让给那伙劫贼似的大老鼠抢食得干干净净,这才使它们的态度变得稍许有些缓和,容忍我蜷缩成一团,在厨桌下占有一小片容身的位置。

面对着鼠群骚动不息的厨房,我在黑暗中想起自己的不幸命运,忍不住哀声吟唱道:

> 这是梦,还是安拉的魔力,
> 为什么我被命运抛弃在这里?
> 巴格达的阳光,母亲的轻声细语,
> 都变成了不可回复的记忆。
>
> 啊!青春、希望、友谊,
> 如今都在哪里?
> 人的尊严受尽了凌辱,
> 反不如老鼠可以自由来去。
>
> 明天,命运将给我带来什么,
> 是眼泪,是羞耻,还是永远的安息!
> 噢,不,我想要一双复活的凤凰的羽翼,
> 飞回遥远的阿拉伯大地。

漫漫的长夜在痛苦和眼泪中过去了。第二天在山羊胡子先生的护送下,我被转送到京城的皇家动物园。在那里,我的出现引起了更大的轰动,每天从早到晚,围着笼子看我的观众挤得水泄不通。"卡波杜兹,卡波杜兹……"他们不停地互相议论着。为了看一眼我这副狼狈相,有的人甚至争先恐后地爬上笼边的几株大树。说真的,就像当年一只名叫"咪咪"

的中国熊猫送到巴格达动物园的盛况，也比不上眼下的这种热闹情况。

　　说起来实在丢脸，堂堂的宇航员居然被关进动物园任人参观。倘若这件事被远在天外的巴格达的朋友们知道了，必定会讪笑得我找一条缝儿钻到地里去。可是我深深理解，这却是那位善心而糊涂透顶的山羊胡子先生目前所能为我争取到的最好待遇了。不管怎么说，总算暂时免掉了厨师的一刀，可以稍稍松一口气。

　　我决心利用这个机会进一步探明周围的情况。记得我在巴格达求学的时候，曾被誉为具有特殊的语言天才，能够用最短的时间学会一门生疏的外语，从深奥典雅的拉丁文到佶屈拗口的班图语和那哇鹤语无不知晓。如今在这个生死攸关的时刻，我急于了解这些没有礼貌的长尾人对我的处置意见，便竖起耳朵特别注意倾听他们的谈话。

　　我注意到，他们把一个秃顶老头儿称作"卡波蒂沙儿"，推知"卡波"和"蒂沙儿"分别是"秃"和"老头"的意思。有人手指着隔壁笼子内的一只猴形动物和我对比，曾一再提起"杜兹"这个词。所以我一下子就明白了，这伙长尾巴的家伙把我称作"卡波杜兹"，准是把我当成一头珍奇的"秃毛猴子"。用同样的方法，我逐渐掌握住别的一些词汇，弄清了他们的发音和语法的基本特点，能够勉强听懂他们的谈话。从某种意义来说，这个铁笼子反倒成了我学习长尾人语言的课堂。但是，这却是一个多么使人心酸和荒唐可笑的课堂啊！

　　"舒比卡波杜兹，哈拉古里齐，萨尔都斯希里玛拉诺？"一个年轻的长尾姑娘对她的男朋友说。我听懂了，这话的意思是"这头秃毛猴子真古怪，为什么没有尾巴。"

　　那个小伙子回答说："依尔卡修乌斯利其达，比利弗拉维茨古瓦鲁西斯，贝拉乌斯辛卡里尼顿。"意为："你没有见识过的动物可多啦！去翻一下弗拉维茨的记录吧，被消灭的动物种类数也数不清。"

　　长尾姑娘又问："噢，多古弗拉鲁米卡哈诺？"意思是："啊，抓住它的弗拉得了卡哈吗？"她的男友表示肯定地点了点头。

新"诺亚方舟

　　什么是"弗拉维茨"、"弗拉"和"卡哈"？我费了很大的劲儿，才从别的对话中弄清了它们的含义，是"猎人协会"、"猎人"和"奖章"的意思。原来，这个星球上曾经有过许多野生动物，长尾人以狩猎作为最大的生活乐趣。得到法律保护的猎人协会宣布：狩猎可以培养尚武精神，也是一种陶冶性情的高尚娱乐，任何人也不得妨害猎人的活动。每年有定期的全国狩猎比赛，优胜者可以获得一枚金光闪闪的大奖章，成为人们羡慕、尊敬，甚至盲目崇拜的对象。自从发明了火药枪以后，在嗜杀成性的猎人们的手中，更增添了一根法力无边的"魔棒"，转眼间几乎就把飞禽走兽都屠杀得一干二净，只剩下为数不多的几头"种子"，陈列在全国唯一的皇家动物园里。我之所以能够侥幸保住性命，就是山羊胡子先生根据法律的第二百三十五条第三款："各种'种子'动物可保存在皇家动物园内，然其所生育的幼禽与幼兽仍须交猎人协会处置。"要不，早就没命了。

　　由于野生动物日渐稀少，猎获很不容易。所以现在每得到一头，都将在这伙嗜猎成狂的长尾人中成为一次不折不扣的狂欢节，猎人的荣誉显得更高。食谱上经常缺乏脂肪和动物蛋白的长尾人们，莫不以能够分享到一块油汁滴滴的新鲜兽肉为最大的满足。这股疯狂劲儿，我已经在那一次篝火晚会上领教过了。不消说，老鼠、蚊子和别的害虫泛滥成灾，也是野生动物绝灭，使它们失去了各种天敌的结果。

　　当我刚被关进铁笼子时，曾迫不及待地尽力向前来参观的长尾人们表白，我并不是什么可笑的"卡波杜兹"，而是从天上飞来的外星客人。在我们的故乡有比他们高级得多的文明社会，我的来访将为两个星球之间搭上一座划时代的友谊桥梁。我不能容忍目前的恶劣待遇和种种不堪提及的人身侮辱，他们应该铺上红地毯，鸣放四十八响礼炮，恭恭敬敬地把我接进国宾馆才是正理。要不，这件事若是被我们地球上的同胞知道了，总有一天他们会为此而吃尽苦头。

　　"你们这样无礼地对待一个地球人，会感到后悔的！"我气愤地挥舞着拳头，对着长尾人们大声呼嚷。

可是，这伙只知道晃荡尾巴的蠢驴根本就不懂，也不愿意去理解我们的纯正的巴格达腔的阿拉伯话。我的全部自我表白，连同从我身上剥下来的衣服，都被当作猴类动物的强烈模仿性的充分表现，从而更加认为我是一头猴性十足的古怪动物，引起了长尾人们一场又一场的捧腹大笑，并且因此而挨了几个顽童投掷的石子，额头上肿起了一个大包。

具有讽刺意味的是，隔壁笼内的一头母猴反倒对我关心起来了。它隔着铁栅栏轻轻抚摸我的头发，伸出舌头舔吮我的伤口，并且怪腔怪调地学着我的话，龇牙咧嘴地对那些乐不可支的长尾人们尖声咆哮："尼们挥后悔的！"不消说，这更加逗弄得那伙自以为是的长尾人如醉如痴，坚信我真的也是一头猴子无疑，招引来更多的观众，使我陷入了更加狼狈不堪的窘境。

我无可奈何地长叹了一口气，坐在笼内回想起踏上这个星球后的种种不幸的遭遇，忍不住双泪长流放声痛哭起来。我这才明白，当初朋友们劝阻我的话一点也不假，安拉的使者的确从来也没有光顾过这个异教徒的星球，难道我真的命中注定要成为一头"卡波杜兹"，在这儿可耻地了却一生？

除了那头多情的母猴，所幸山羊胡子先生对我还算和善。他几乎每天都来看望我，总忘不了带一些水果和别的食物丢进我的笼内。在我学会了长尾人语以后，有一天傍晚，游客都已散尽的时候，他愁容满面地来到我的笼前，仔细给我画了一张像，自言自语地喃喃叹息说："唉，卡波杜兹，这是你的最后一张画像了。"

"为什么？"我感到奇怪地用长尾人的话问他。

"啊，你会说话吗？"他惊奇地瞪大眼睛。可以看出，他是这伙邪教徒中最有理智的人，因为他并没有把我的对话当成猴子的模仿性。

由于这个态度，鼓励了我进一步向他表白："为什么不可以？我是人啊！"

"你真的是一个……人？"他似乎有些不相信自己的耳朵了。

"是的。"我忙不迭地点了点头。

他朝我从头到脚又瞅了一遍，好像还半信半疑，吞吞吐吐地问："那么……你为什么没有尾巴呢？我仔细检查过你的臀臀部，证实那儿并没有切除过,你天生就没有高贵的尾巴。"

"嗨,你这个糊涂的卡波蒂沙儿。"我感到又好气又好笑地用"蒂沙儿"——老头,这个不恭敬的称呼来咒骂他,"人的特征是脑袋,不是尾巴! 你知道吗? 我来自巴格达,是比你们都聪明得多的地球人。"

为了把意思表达得更清楚,我手指着暮色苍茫的天空对他解说。远处,有一颗星星一霎一闪的,仿佛在用微弱的亮光证实我所说的话。

想不到这时那头邻笼的母猴也来胡搅蛮缠了。它也学我的样,手指着头顶的一颗星星,为我帮腔说:"卡坡提沙儿……贝格达……聪敏的地球人。"这一来,使山羊胡子先生更加茫然了,搔了搔脑袋,瞅瞅我,又瞅瞅那头母猴,弄不明白到底是怎样一回事。

我急了,手指着母猴对他说:"它是杜兹,我是人,你明白了吗? "

经过好一阵子的反复解释,最后我陡然想起了,我们的地球科学家们曾经说过:"数学是唯一的宇宙语言。"尽管语言和体形都不同,但是有智慧的生物,谁能对圆和三角形这些基本的几何图形没有一丁点儿研究呢? 为了要证明我和那头母猴并非同类,现在只有借助于泰勒斯、毕达哥拉斯和欧几里得的发明了。我连忙蹲下来用手指在地上画了一个等腰三角形,画出其恰好平分顶角和底边的中线。又画了一个有内接圆的正方形和五角星形。山羊胡子先生眯着眼睛瞧了一下地上的星形几何图案,又抬头望一眼天上的星星,他一下子明白了,带着万分抱歉和敬畏的神色向我探问:"您真的不是卡波杜兹,是从天上来的一位天使? "

我没有答话,十分矜持地点了点头。

"啊,那太好了! 您是天上的大神派来给我们解决危难的。"他隔着笼子紧紧握住我的手。

原来,皇家动物园的保护者——老国王今天早上驾崩了。明天,王太子就要登基。这位血气方刚的太子热衷狩猎活动,获得过一连串金光灿亮的神射手奖章,是猎人协会的积极赞助者。由于已经没有野生动物可以射猎,他下令在登基日把皇家动物园里的饲养动物全都放出来,举办最后一次盛大的围猎。

王太子宣布说:"与其做一个妈妈奶奶的国王,让这些动物关在笼子里老死,不如抛弃掉虚伪的怜悯心,痛痛快快地把它们全部杀光,在历史上留下一个空前绝后的名声。"

为此,他召集了100名全国最有本事的猎人来陪他射猎,还叫来几个白胡子拖地的历史学家,命令他们振作起精神,手握鹅毛笔,准备把王太子和别的猎人每射死一头动物的准确时间和详细情况都记录下来,以便作为历史档案材料永远保存。

"这样一来,所有的动物就完全绝灭了。"山羊胡子先生对我一五一十地说完情况后,非常感伤地说:"原来我还存有一线希望,依靠这些种子动物来恢复失去的动物世界,现在可不行啦!"

"别急,有办法了!"我想了一想,头脑忽然一亮,安慰他说,"给我弄一条裤子和一把钢凿来,我就能把所有的种子动物都带走。"

"逃走么? 到处都有发狂的猎人,怎么能逃出他们的手心?"山羊胡子先生不放心地问。

"怕什么! 我带你们上天去。"我提议说。

"噢,那怎么行? 我们没有翅膀啊!"山羊胡子先生吃了一惊,怀疑自己是不是听错了。

"放心吧!"我劝慰他,"只要我走出这个笼子就有办法,你要相信地球人的本领。"

"真的能够逃出去就好了。我知道一个小岛,岸边都是礁石,谁也没法接近,要是逃到那个岛上就好了。"

这个善心的"卡波蒂沙儿"晃荡着长尾巴,半信半疑地走了。过了一会儿,他带来了我所需要的东西。这时,沉默的黑夜天使已经用它的黑丝绒袍子把整个大地都笼盖起来。四周静悄悄的没有一个人影,正是逃跑的绝妙时机。我手握住钢凿,不多一会儿,就凿断了两根铁栏杆,神不知鬼不觉地走出了羁身的笼子。

新"诺亚方舟

"快，到森林里去，找我的飞船。"我催促山羊胡子先生说。

为了争取时间，我们穿过一片沙漠抄近路赶去。

夜的大漠静悄悄的，我们踩在松沙地上一步一陷地往前走，一会儿就累得气喘吁吁地提不起脚步。

"你们这儿有骆驼吗？"我问山羊胡子先生。

"骆驼是什么东西？"他感到不解地问。

"这是沙漠的骄子，风沙和尘暴中出类拔萃的动物呀！"我向他解释说。为了使他懂得我的意思，我在沙地上画了一头骆驼的图形。

山羊胡子先生感到好奇地瞅了一阵子，在骆驼头上加了一对短角，背脊上加了两个驼峰，点头回答说："我想起了，从前我们这里也有这样的动物，名叫耶普卡，可以不喝一口水，在沙漠里连走三天三夜，也许比你们的骆驼还有本领。"

"能弄一匹耶普卡来骑吗？"我问他。

"唉，"山羊胡子先生长长地叹了一口气，"它和别的动物一样，也都被猎人剥了皮啦！"

"饲养的牲口也用来打猎么？"

"没有办法啊！"山羊胡子先生摊开双手，做出无可奈何的姿势，"野生的动物都打完了，猎人们的胃口却还没有满足。猎人协会不是有这么一条规定，任何人也不能妨碍猎人的活动吗？耶普卡就是这样和沙拉、诺利斯一起，都在火药枪下断绝了子孙。"

经他进一步解释，我才弄明白，"沙拉"和"诺利斯"是类似我们地球上的马和猫的饲养动物。山羊胡子先生非常感慨地说："该死的火药枪，乒乒乓乓地乱放，总有一天会毁灭掉我们自己。"

是的，他说得很对。当所有的飞禽走兽都被屠杀干净，自然生态环境的平衡受到破坏以后，谁知道除了老鼠、蝗虫和疟蚊盛行外，还会产生什么灾难性的恶果呢？也许某种看不见的细菌也会趁机发展，最终吞噬掉长尾人本身。

我们默默地并肩走了一段路，我又把话题转到眼下的实际问题上："没有了耶普卡，怎么过沙漠呢？"

　　"是呀，"山羊胡子先生沉思似的回答说，"从那以后，就再也没有人进沙漠了。所以，我们走这条路最近也最安全。"

　　听了他的话，我沉默了，更加理解他急于要搭救皇家动物园里的最后几头种子动物的心情，这不仅是出于常见的仁慈和同情心，还孕育着一个富有远见的理想。如果不能抢救并繁殖这些残余的种子动物，恢复自然生态环境的平衡，就将给长尾人带来毁灭性的命运。我决心要帮助这个可爱的"卡波蒂沙儿"，咬着牙、使尽最后的气力，和他一起跌跌撞撞地走出了沙漠，终于在密林中找到了我的飞船。谢天谢地的是，这儿十分荒僻，没有人闯进来，飞船还好好地停放在林中空地上。

　　瞧见银光闪闪的飞船，山羊胡子先生愣住了。要知道，这个星球的文明整整比地球落后七八个世纪，他虽然是一位博学多闻的"蒂沙儿"，可是也从来没有见识过这样先进的航天器。起初他听我提起飞船，还真的以为是一艘帆、舵、桨、橹都齐全的木船呢！

　　"这样一只飞船，怎么能带走全部种子动物？"他感到疑惑地问。

　　"这好办，"我满不在乎地对他说，"它有足够的马力，就把那些铁笼子都拖上天得啦！"

　　我发动了飞船，带着山羊胡子先生，恰好在黎明时分飞回皇家动物园的上空。往下一看，只见园内人头耸动，已挤满了兴高采烈的猎人们。王太子也一身猎装打扮，手持一支镶满了钻石的双筒猎枪，正指手画脚地吩咐手下人，要打开笼子进行最激动人心的一场射猎了。

　　"快，他们要开笼子了。"山羊胡子先生催促我。

　　其实不待他嘱咐，我就推动了操纵杆，驾驶着飞船从半空中猛冲下去，巨大的引擎声发出雷霆般的怒吼，那些自以为非常勇武的长尾猎人从来没有见识过现代化的飞船，有的被吓呆了，有的抛掉手中的火药枪四散奔走，王太子本人也一脑袋扎进身后的树丛里，失去了刚才那股耀武扬威的神气。其中居然也有几个大胆的家伙用尾巴撑着地，瞄准我的飞船放了几枪。但这是吓唬"鹿羊"和"耶普卡"之类的动物的霰弹，根本就不能对飞船造成任何伤害。当我把飞船下降得更低，紧贴住他们的头皮飞过的时候，就全都吓得夹住尾巴逃跑了。

"哈哈！"见到这种情景，我不由乐得笑出了声。这些愚蠢透顶的长尾猎人也许做梦也不知道，从天上落下来的并不是上帝的惩罚使者，而是受尽了凌辱的"卡波杜兹"，我这才美美地出了一口怨气。

山羊胡子先生对我这一手佩服得五体投地。飞船降落后，我们赶快跳出来，忙不迭地用铁链把关动物的笼子都一个个串联起来。

"卡波杜兹！"当我走出飞船的时候，目光尖利的王太子忽然远远地认出了我，终于明白是怎么一回事了，领先从藏身的地方冲出来，企图活捉我和这只从半空中飘荡下来的"大鸟"。

但是他们已经来不及了。气势汹汹的王太子还没有冲到我们的身边，我已经重新发动了飞船，拖带着一串关着各种各样动物的铁笼子飞上了天。倒霉的王太子抓住了最后一个猴笼，打算拖住我们，却反而被飞船带上了天。他的双脚离地以后吓得尖声怪叫，幸好笼内那头多情的母猴紧紧攥住了他，才没有跌下来，乖乖地做了我们的俘虏。

我们的飞船像是一个空中动物园，在动物嗥叫和长尾人激动的叫喊中飞出了京城，直朝山羊胡子先生指引的一座孤岛飞去。在那儿，他打算开辟一块天然的动物乐园，重新繁殖野生动物，拯救陷入灾难中的星球。

那个骄傲的王太子呢？只好委屈他在这儿吃一点苦头啦！唉，愚蠢的猎人，终于受到命运女神的无情捉弄，颠倒了一个地位，落在野生动物自由自在生存的乐土上了。我深深相信，当他丢失了足以壮胆和称雄的火药枪以后，在这儿或许会变得更加老实、冷静和聪明一些。至于那头多情的母猴会不会放过他这个真正的"卡波杜兹"，就没法一句话说清啦！

"朋友，留在我们这里吧！"善良的山羊胡子先生无限诚恳地要求我说，"在您的帮助下，这个动物乐园一定会管理得更好些。"

"不，我已经想家了。"我轻轻摇了摇头，非常婉转地谢绝他，"其实在我看来，管理它们并不难。你只消打开笼子，让它们自由自在地回到大自然里就得啦！我相信，下次我再拜访这儿，必定不再是一个没有飞鸟和走兽的寂寞的星球了。"

"你说得对，"山羊胡子先生补充说，"那时，我们的庄稼和森林会长得更好，进沙漠再也不用走路，许多疾病也会消除了。"

我把山羊胡子先生和他的那一大群宝贝儿运送到荒岛上以后，紧紧握住他的手，对他说："让我再叫您一声'卡波蒂沙儿'吧，回到地球上，我再也没有机会使用这种语言了。"

山羊胡子先生的眼眶里噙着热泪，宽宏大量地让我用这个不太恭敬的词儿称呼他。可怜巴巴的王太子感到忏悔似的默默走到我的跟前。甚至那头多情的母猴也蹦跳过来，攥住我的衣服，不愿意和我分手。

我轻轻抚拍着它的肩膀，手指着王太子对它说："亲爱的'杜兹'，去照顾可怜的王太子吧！他已经放下了猎枪，再也不是恐怖的'弗拉'了。"

母猴似乎听懂了我的话，真的放开了我，依偎在王太子的身边。我登上了飞船，向山羊胡子先生，向王太子，也向这头热情聪明的母猴挥了挥手，扬起太阳帆，重新飞上了深邃的太空。这次，我的航向非常明确，那是亲爱的地球，巴格达和妈妈……

北方的云

　　请你打开地图，找找这个地方。这里是浑善达克沙漠东部边缘。是的，在图上可能没有它的名字，可是，在昭乌达盟说起它，那是人人都知道的，这就是大名鼎鼎的克什克腾旗沙漠农业试验站。在茫茫无垠的沙漠里，有几排矮矮的砖房，就是试验站的办公室、温房和宿舍，看起来平平凡凡的丝毫也不出奇，可是在房子四周沙地上的一切，却能叫世界上任何一个植物学家惊奇得合不拢嘴巴。这里像神话似的长着一大片一大片的水稻、油菜、橘子和甘蔗。一圈高高的防护林仿佛把它们和周围世界完全隔绝开了，满天弥漫的风沙对它们说来，似乎是关系不大。好像在这里照耀的不是沙漠火热的太阳，而是南方山谷里，映射在桃金娘花瓣上温暖的日光似的。

　　我们要讲的故事就是从这里开始的，我还清楚地记得那天所发生的一切事情。

　　说句实在话，作为天气调度员的我，那天几乎可以算是最忙的日子。从早到晚，交换台上的电铃叮叮地响个不停，这里要小雨，那里预订晴朗无云的天气，好些个热心的同志一次次在电话上和我吵个不停。

　　好容易刚刚有几分钟休息的时间，突然，红灯一闪，交换台又叮叮地响起来了。

　　"准是那个101中学的孩子！"我想。他们明天下午有场足球赛，在电话上一股劲地缠住我要求给他们安排90分钟的晴天。

"喂！小伙子，这办不到啊！公社要给庄稼喂水。有两个大学和你们周围所有的单位都要室外大扫除，要水洗屋顶、洗柏油路，你们到工人体育场去，或者干脆上午比赛不行吗？"

耳机里嗡嗡地传来一个模糊不清的嘶哑声音：

"是北京天气管理局吗？我们要雨！要雨！"他把"要雨"两个字特别在电话里拖得又重又长。

"他们在什么区？"我把眼睛转到遮满了半个墙壁的北京市全图上。

可是他的话差点没把我从椅子上吓得跳起来。

"我们是东经116度47分，北纬42度51分。我们……"

我的天！东经116度47分，北纬42度51分，这是什么样的地名？这真是从来没有听说过的奇怪地址。这是门头沟吗？不是！是丰台吗？不是！昌平、海淀全不是，甚至怀来、大兴、通县也不是！看来我的这张地图不管用了，我慌里慌张地从抽屉里翻出分省地图，晕头转向地翻了一阵，"好家伙！正在浑善达克沙漠中央！"

离开这里足足有几百公里，不但超出了北京市的范围，甚至还超出了河北省，我们是没法控制那里天气的，我弄不明白他有什么要求。

"我们是……农业试验站。……地震……坏了，……没法修好，起码……关键问题是要水……水！"耳机里一阵阵传来他断断续续的急促声音，弄了好久我才搞清楚，他们是昭乌达盟克什克腾旗沙漠农业试验站，正在试验利用地下深井灌溉发展亚热带作物。可是最近的一次地震，把水管系统全破坏了，水源也受到堵塞，而且短期内无法修好。希望我们在一周之内，必须给他们送去一次起码持续五天的中雨到暴雨，否则庄稼就会全部枯死掉。

这真是一件没有想到的任务。从那位同志焦急的声音里，我意识到事情的严重性。

"必须马上把雨水送去！"同志们都这样想。

155

可是,怎样把雨送过去呢?我们没法叫北京的雨点落到内蒙古的土地上,也很难想象在那沙漠的晴空下,可以使用正常的人工强制方法制造出连续五天的大雨,当然,就更别提在这干冷的蒙古高压控制下的初冬,能有大量自然降雨的可能了。

局里召开了紧急会议研究支援的计划,大伙提出了一个又一个的方案。但是,算来算去的结果,无论什么办法也不能彻底解决这件不平凡的任务。归根结底,浑善达克沙漠是出奇的干燥,距离我们又太远,咱们可不能叫天气管理飞机像洒水汽车一样,一趟趟地把雨水运到那里去啊!

第一天就这样手忙脚乱地过去了,说来也有些令人不能相信,第二天天快亮的时候,我们意外地收到来自塘沽的一个呼号。原来在总局的组织之下,差不多整个河北、辽东和内蒙古中部的台站都紧急动员起来,形成一个庞大的天气情报侦察网。每一股气流,哪怕十分微小的气流,都被监视得清清楚楚,它的来踪去向完全掌握在我们的眼前。

"注意!注意!"塘沽台呼唤着。"十二小时之内,渤海湾方面将有一股气流登陆。方向:东南东。风力:六级。湿度……"

我们在地图上标出它的方位来,大伙的心都快爆炸了,它正是对着浑善达克吹去的!这真是一个了不起的喜讯,要知道,在这西北风漫天呼号的季节里,出现了这一小股湿润的东南风,该是多么难得的机会啊!

不过,对它进一步分析的结果,情况就并不那么十分乐观了。根据计算,它到达克什克腾旗之后,最多只能供给二十四小时的中雨。与试验站的起码要求还有很大的距离,这就必须再在其他方面寻找解决的办法。

突然,有一位同志想起一个主意。

"能不能叫它多带些水分?"他向大家提出来。

"那怎么行呢?难道我们还能改变气流的物理状况?"有人表示怀疑。

"为什么不可以呢!"另外一位同志受到了启发,兴奋地说。"譬如我们增加沿途的蒸发,这样一方面可以提高气流的湿度,一方面温度高了又可以防止中途过早凝结降雨。"

"对！"大伙异口同声地赞成这个主意，马上就摊开地图，研究整个行动计划。经过分析，我们认为最好在十三陵、官厅和密云几个水库上空向气流输送水分。因为这些地方的水盆面积，容易迅速地大量地进行蒸发，而如在其他地点加强蒸发的话，那就可能损害当地的庄稼。我们可不能只顾上一点就丢掉了全面啊。

这些水库都在北京市范围内，局里马上就指派我和天气工程师老董具体负责这项工作，并且调动了三台热核蒸发器支援我们。

当天傍晚，这股小小的气流终于在塘沽登陆了，不到一个小时，掠过了天津，两个小时之后越过通县，箭头正指向十三陵、密云和官厅之间的三角地带，那里正是咱们准备好战场的地方。

气流经过十三陵，在翻越南口山脉的时候，损失了一些水分。这是沿山上升的气温降低的必然结果，这虽然稍稍打乱了咱们的一部分计划，可前面还有密云和官厅，补救还是来得及的。

这时，正是夜晚，两座悬空的热核蒸发器在水库上空发散出巨大的能

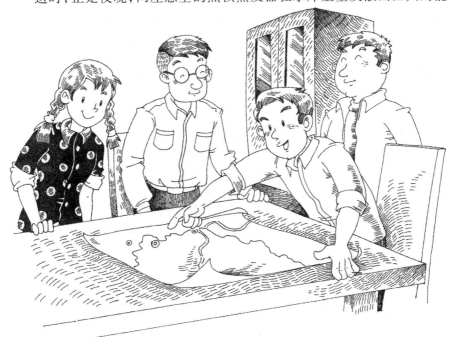

量，一霎时黑夜几乎变成了灿烂的白昼，湖面渐渐出现了一层越来越浓的水雾，湖水大量变成水汽向上蒸腾着，气流的湿度迅速地往上增加。

"明天下午，从克什克腾旗就有好消息传来了。"董工程师凝视着这不断向上升腾的雾气，轻轻地对我说道。

不消说，我也有同样的想法。眼看湖面似乎在千百台抽水机的影响下迅速向下降，谁又能对这说不是呢？

我们决定只要天一发亮，立刻就乘飞机去追赶这股气流，我们一定要亲眼看见雨水在农业试验站降落，亲自看一看这个奇迹的全部过程。

我们追上它的时候，这股气流已经进入沙漠边缘了。这真是沙漠里从未出现过的奇观，滚滚的乌云像浪涛一样向北方汹涌着。我们驾驶着的飞机，一会儿高高地飞在云层的上面，一会儿又像游泳似的，猛地扎进云层里，在水汽弥漫的迷雾里飞行几分钟。

我们就这样，像牧羊人一样，在高原上空，赶着这群奇怪的"羔羊"——气流，向着北方不断前进。

时间一分钟一分钟地过去，云层已经开始降雨了。说来早就该到目的地了，可是无论我们朝向什么地方望去，到处都是一片刺眼的黄色，哪有农业试验站的影子。

"我们飞过头了吗？"董工程师回过头来焦急地问我。

我仔细校正了一下位置。可不是！我们跟着这片乌云已经不知不觉地快飞到浑善达克沙漠的尽头了。原来这股顽皮的气流在快到试验站的时候，突然离开原来的道路向东北偏移了几步。这一来，咱们辛辛苦苦从官厅和密云运来的雨水，都要白白地浪费在这毫无意义的沙地上了。

这真是出乎意料。眼看干得快要枯死的庄稼马上就能浇水了，谁知道半路上又出了这么个岔子。我们只好向北京汇报了这个情况，垂头丧气地顺着原路飞回来。

可是，说来也真巧，我们刚回到局里，突然从塘沽又来了第二次电报。据说，在几个小时之内，又会有另一股东南风重新登陆。

"这一次可不能让它再悄悄地溜掉了！"大伙都异口同声地说道。

我们在第一次蒸发成功的鼓舞下，马上制订了一个更加大胆的计划。在气流运行路途的侧面，制造一系列人工低气压中心，强迫它必须按照规定的路线前进，一滴水也不准洒落在我们的目的地——试验站五公里以外！

这一次，我们调动了更多的热核蒸发器，除了水库地区的三台之外，还在指向试验站的直线路途中布置了好几处。这样，只要那股不可捉摸的气流一登陆，高功率的热核反应器群组立刻就会全部开动起来，在它运动的前方制造出一系列新的低压中心，牵住它的鼻子，把它硬拖向克什克腾旗沙漠农业试验站。

为了不影响沿途庄稼的生长和城市、农村里的正常天气，咱们决定把低压地点选在荒山和沙漠中心。现在再也不必发愁雨云会发生任何偏斜了，我和董工程师乘着飞机一直赶到克什克腾旗农业试验站，我们要在那里检查降雨的最后结果。

这一次，我才算真正看见了这个沙漠里的田园。我们刚刚跨出飞机，四周一片单调的黄色，和防护林带里迷人的亚热带风光所形成的强烈对比，就吸引住我们了。这时，甘蔗已经一人高了，听着这一片沙沙的甘蔗叶鞘的摩擦声音，就不禁使人想起南方那些缓缓起伏的小山，和河边上的水稻与甘蔗田。

可是，另外一个不调和的景象又使我的心脏突然紧缩起来：没有水，裂成一块块像龟背似的水稻田，发黄的甘蔗叶片，还没有长到鸡蛋大就在树枝上萎缩了的青橘子。周围这一切都仿佛在呼唤着：

"水！水！我们多么需要水啊！"

"同志们，看吧！一点水也没有了。"试验站站长沉着脸一处处地指给我们看。

我们还来不及回答，旁边一位同志又焦急地加上一句话：

"不管哪一种作物都不能再忍耐二十四小时了，你们的雨到底在什么地方呢？"

159

"大家别着急。"董工程师安慰着他们。"我们在沿途都给它打开了绿灯,今天晚上,保证庄稼可以饮个饱!"

这么一说,站里的同志可高兴啦,整个试验站马上就热火朝天地动员了起来,大伙像是迎接一场大战一样做好了各种准备。有的人仔细松开作物根边的土,有人像琢磨什么精密仪器一样把那些早已压紧的排水沟又重新压实一下,有人把汽油桶、水缸、脸盆……一切可以盛水的家具都一古脑儿搬了出来。大家想到的是怎么样不浪费一滴水,怎样让每一滴水都给干坏的庄稼喝掉。

这个热烈紧张的场面,使我大受感动。

晚上天一黑,那股潮湿的风就带着雨点准时来到了。

我们是从嘀嗒的雨声里感到它的降临的,大家急忙跑出屋子,灿烂的星空已经隐在飞驰的黑云后面,四周已是一片簌簌不息的急雨了。这场雨一直下到天明也没有停止,虽然在黑暗里什么也看不见,可是听见庄稼地里淅淅沥沥下个不停的雨声,就仿佛瞧见了那些干得发黄的甘蔗叶鞘在雨水下面不断摇摆颤动的样子,心里真是舒畅极了。

第二天,雨还一股劲不停地下着,甘蔗、橘子,和那些亚热带作物宽大的叶片被打得嘀嘀嗒嗒直响,昨天还飞沙走石的沙丘一个个被淋得垂头丧气地抬不起头。这真是难以形容的动人景象。同志们都高兴得脱掉鞋子在雨里到处乱跑,一个个浑身淋得透湿,也不理会这些了。

"再照这样继续下个两天就成了。"试验站站长拍着老董的肩膀兴奋地对我们说道。我望着这急如穿梭般到处飞进的雨点,非常满意我们的成绩,心想这一次可以平平安安,不会再生出什么意想不到的枝节了吧。

谁知道还不过两小时,干渴得奄拉着脑袋的庄稼刚刚有了些起色,这场多灾多难的雨水又显得不对劲了。慢慢地雨水越来越小,四周渐渐开朗起来。整个天空好像被谁用千万个无形的塞子堵紧了似的,大颗大颗的水珠已经变成毛毛小雨,接着毛毛小雨变成几乎看不见的雨丝,最后连这蜘蛛脚样的水丝也没有了,飘浮在空中的那层薄薄的雨雾终于完全消失了踪迹,太阳渐渐露出脸来。

随着雨水的收场,大伙也都嚷开了。

"这雨还有希望吗?"一个满头淋得水湿的小伙子问我们。可我们能够怎么回答呢?这真是丈二和尚摸不着头脑的事。眼见庄稼已经开始返青,按照计划只要再继续两天就成了,可是现在呢?谁知道正在节骨眼上又出了这样一个意想不到的问题。

田园的气温又慢慢升高,沙漠又逐渐恢复本来的面目了。胀红了面孔的太阳在当顶喷着热气,刚淋过一场大雨之后,觉得这股热气特别闷人,仿佛太阳生了气,要把刚才没有发出的威风全部补偿起来似的。眼看空荡荡的天空里没有一丝云气,黄沙又随着热风重新在防护林外到处飞舞着,已经浸湿了的沙地又逐渐干下去,心里真是说不出的焦急和愁闷。

现在别再指望有第三股东南风出现了,在初冬的季节里,要求这种气流再一次地出现,已经是近于奇迹般的不可能了。何况官厅、密云和十三陵水库在这两次强力蒸发之中也已经耗费了大量的储水,再过多地进行蒸发取水就会有一定的困难。因此,必须找出解决问题的新办法,否则这些日子的努力就会全部前功尽弃。

有人提出进行人工降雨。但是,要想在这干得可以点起火来的空气里制造出两天大雨,真比公牛挤奶还困难,有人提出利用西北风,从新的方向输送云朵,可是整个西北方都是无边无际的荒漠,从什么地方能够得到所需要的大量水分呢?

正在这样乱哄哄地争论,得不到结果的时候,北京的指示从电报里传来了。总局指示说,他们打破自然形势的约束,从渤海湾里直接制造出一股湿润气流,利用人工措施,把它一直输送到克什克腾旗,满足农业试验站的全部要求。

这真是了不起的主意!我们既然改变了自然气流的水分条件,指挥了它的全部运动过程,为什么我们不能根据事实的需要,完全用人工方法制造出一股新的气流呢?

我和董工程师马上就动身向渤海湾飞去,在那里,已经有一大群热核蒸发器早在等待着我们了。九架热核反应器悬在半空发射出无比强大的威力,连同当顶的红日,就像是古代传说里的十个太阳一样把大海烘得直冒热气。没有多久,一片一眼望不到边的云雾就在海面上形成了。我观测了一下湿度计,几乎达到了饱和状态。看来这片乌云除了沿途必然发生的一些损耗之外,是足够让那些干坏的庄稼饮个饱的了。

"开动低气压区!"董工程师在无线电里向着西北方那些看不见的工作站发布命令。不到一会儿,那些一个比一个更加强大的热核反应器群组就都开动起来了,由于路线前方的低压比后面的更低,很快就形成了一股运动迅速的东南风,我们这片乌云就像扯满了帆的船儿一样,顺着风势一直向西北方驶去了。

我们跟随着它飘过北京和天津之间的辽阔平原,翻过南口山脉,一直穿过北边那些一排排的高山和盆地,没有多久,蒙古高原就像一堵墙一样远远横在天边了。缓缓铺开的草原像是魔术家的头巾一样,在我们下面飞快地变幻着颜色,不一会我们驱赶着云阵就从绿油油的草原飞到了灰黄色的沙漠上空。

"湿度和风力完全正常!"我向驾驶着飞机的董工程师报告。

他握住方向盘,望着机窗外像波涛一样汹涌翻腾的云气,发出会心的微笑。

就这样,我们像是坐着直达快车一样,把渤海湾带来的几百吨雨水,完全浇在试验站田园的土地上。

当暴雨开始降落的时候,虽然我们从蒙蒙的水雾里望不清地面的情景,然而我们却和地下不断挥摇着红旗的同志们同样高兴,因为这些雨点不仅浸润了他们脚下的土地,也同样深深地打进了我们的心坎里。

美梦公司的礼物

一、我借了一个梦

大街上的商店真是多极了，五光十色的霓虹灯和琳琅满目的商品，使人眼花缭乱，可是有什么能比美梦公司的"梦片"更诱人呢？

那一天，我的手心里紧紧捏住妈妈给的两个锃亮的五分硬币，想到街上买一件称心如意的东西。去买两支巧克力冰棍吧，那只能甜一会儿嘴巴，太没有意思；买一本有趣的小人书吧，也没有这么便宜的。我逛来逛去地不知走了多少路，拐到了一条陌生的街道上，无意中瞅见一个布置得十分别致的橱窗。在亮亮的玻璃后面，躺着一个布娃娃，紧闭着眼睛，睡在一张小床上。有趣的是，橱窗的背景时而闪烁着柔和的天蓝色，时而闪出一圈圈银白、嫩绿和玫瑰色的光环，浮现出无数连想也没想象出的海滩、宫殿和天国花园般的美丽景色。映衬在这些图形的外边，唯一不变幻的，是一个弯弯的月牙儿和许多金光灿灿的星星，使人一眼就看出，这儿展出的是一个个夜的童话。

橱窗里放着一个广告牌，上面写着：

你想经历《一千零一夜》里的奇境吗？请租一个梦吧！

　　您想逛过去和未来的世界吗？请租一个梦吧！

　　美梦公司向您提供各种奇妙的梦境，规格齐全，价格低廉。

　　啊哈，天下竟有这样的怪事，居然有租梦的。我掂了掂手心里的两个硬币，不觉心儿被搔得痒痒的，两只脚不由自主地跨进了店门。

　　"老伯伯，我想租一个一角钱的梦。"我走到柜台面前，怯生生地对一个胖乎乎的老伯伯说。他的头顶光秃秃的，只是鬓边有一圈白发，活像是《铁臂阿童木》里的茶水博士。

　　"噢，你要的是一个短梦，全长只有五分钟。"他笑嘻嘻地取出一叠彩色画片，摊在柜台上任我挑选。

　　我斜着眼睛瞅了一下，心里直嘀咕："什么梦不梦的，原来是租画片看。哼，我才不上这个当呢！"

　　胖老伯伯似乎看透了我的心思，耐心地向我解释说："这是梦片，你可别小看了它。带回去试一试吧，临睡前看上几遍，准能做一个美梦。"

　　接着，他顺手拿起一张画着沙漠的黄颜色的画片，压低了嗓门，用挺神秘的口气对我说："瞧，这是非洲的大沙漠，想去见识一下吗？"

　　我定睛一看，可不是么？沙漠里还有狮身人面像和金字塔呢！只是我还有些不放心，问他："有了它，真的闭上眼睛就能到沙漠里去？"

　　"那还用说，"他挺有信心地笑了，"本店实行四包。包做梦，包梦境清楚，若有差错，包修包换，要是不灵，还包退款。国内外来订货的多着啦！"经他这么一解释，我才留意到，每张梦片的边上都印有一行烫金的小字，"科学态度、服务精神。美梦公司输梦技术誉满全球，领导世界新潮流。"瞧他说得活灵活现的，不由得使我心动了。我心想试一试吧，梦做得不清楚或者不灵，反正可以退款，便高高兴兴地付了款。我接过那张梦片，正要拔腿往回跑，老伯伯却把我唤住了："喂，孩子，每天晚上你什么时候上床？"

　　"九点半。妈妈平时不许我看电视，做完作业就睡觉。"

　　"那么你就在十二点半做梦吧。上床以后三小时，是做梦的黄金时刻。"

说着，他把梦片翻过来，露出一个精致的小钟，他用镊子把指针拨到规定的位置，并嘱咐我："看上几遍就放在枕头下面，千万别忘了。如果你想重做这个梦，只消拨一下指针就得了。"

我满怀好奇心地仔细看了一下这张奇怪的梦片，发觉它和一般的画片的确有些不一样，似乎稍微厚一些，从不同的角度看，还能产生种种不同的幻影，里面准藏着什么巧妙的机关。我巴望天快黑，早一点尝试这张小卡片带来的美梦滋味。

二、金字塔下的双峰骆驼

夜幕终于降临了，我飞快地做完了作业，迫不及待地跳上床，扭亮了床头灯，手拿着那张梦片左看右看。只见画面上一会儿显现出高耸的金字塔，一会儿又黄尘滚滚什么也瞧不清。看着看着，我就疲倦了。可是我却还没有忘记胖老伯伯的叮嘱，赶紧把梦片塞在枕头下面，这才奄拉上眼皮，进入了黑沉沉的睡乡。

也不知过了多久，我的耳畔忽然响起了一股呜呜的风声。声音很轻很轻，像是从很远很远的地方传来的，却似乎又在眼睛能够望见的什么角落里，因为微风吹拂着我的头发，还在轻轻地飘动呢！我迷迷糊糊地向四周一看，到处是土黄色的沙丘，连绵不断地一直延展到天边。啊，美梦公司的梦片真灵，想不到我真的到沙漠来了。我每往前迈一步，又松又烫的干沙子就一直陷到脚踝，可费劲啦！我想，如果有一匹骆驼就好了。骆驼是沙漠之舟，骑上它，就能到处溜达。说来也怪，我刚一转这个念头，就有一匹毛茸茸的大骆驼出现在眼前。它好像是受过严格的训练似的蜷着腿儿趴下来，让我在两个肉腾腾的驼峰中间安安稳稳地坐好，才慢慢撑起身子，往前晃悠晃悠地开步走。骆驼背比最软乎的沙发还舒服，挂在脖子上的一串铜铃丁零丁零地响个不停，真惬意极了。

165

骆驼驮着我走了一段路，不一会儿，沙丘背后出现了狮身人面像和金字塔。看来这个梦发展得很正常，一切都正如梦片上所画的那样。我跳下骆驼，摸了摸狮身人面像的塌鼻子，又转身爬上了一座最高大的金字塔。梦里的这座金字塔很奇怪，它的一边有整齐的石梯，可以毫不费劲地爬上塔尖。另一边却是光溜溜的，活像是儿童乐园里的滑板，坐下来呼啦一下子就滑到下面的沙地上。我兴冲冲地玩了好多次，直到玩腻了，才走下金字塔，在沙地上堆干沙子玩。骆驼踱过来，歪着脑袋瞅着我堆的沙山和挖的窟窿，像是感兴趣似地直点头。嗨，想不到沙漠里这样好玩。

谁知，好景不长，我正玩得起劲的时候，忽然刮风了。一股迅猛的旋风卷起地上的黄沙遮住了天空，蒙盖了大地。金字塔、狮身人面像和骆驼全部不见了，差一点儿把我也卷到半空中。我有些害怕了，一下子惊醒过来，耳畔仿佛还响着那股牛角号似的风声呢！用手一摸，梦片原封不动地压在枕头下面。它可真灵。

第二天，我把这件怪事告诉同学们。一个同学自告奋勇地说，"我家距美梦公司很近，让我代你去还梦片，顺便再借几张来吧！"同学们全都心痒痒的，想亲自试一试这个新鲜玩意儿，每个人凑了一角钱交给他，让他带回一大沓五光十色的梦片。

往下的事都甭细讲了，每天晚上我们舒舒服服地躺在各自的被窝里，不是沉浸在海底的珊瑚丛中，追赶着彩色蝴蝶似的热带鱼群，就是驾着小飞机翱翔过白雪皑皑的世界屋脊。有时，我牵着孙悟空的手，一个跟斗翻到太平洋中心的荒岛上；有时我见到了在书本上早就熟悉了的灰姑娘、米老鼠、白雪公主和七个小矮人……甚至梦片还把我带到荒凉的月球上。我轻轻一蹦，就跳过了一座张着朝天大嘴巴的火山口。啊，梦里的世界真有趣！我感到很奇怪，为啥有许多我从不知晓的天地，都会一一栩栩如生地钻进了我的梦？这真是一个谜。

三、梦授学校

过了几天，去借梦片的同学生病了。我已深深染上了"梦瘾"，等不及他回来，便撒开脚丫子，自己跑到美梦公司去了。

"好些日子没有瞧见你了，上次借的沙漠梦片满意吗？"柜台后面的胖老伯伯认出了我，关心地问。

"真带劲极了，我在金字塔上玩了好多次滑板呢！"

"你说什么？金字塔怎么能够当成滑板玩？"他惊奇地瞪大了眼睛，仿佛在我的面孔上发现了什么毛病似的。我忽然感到有些不自在，挺费劲地咽了一口唾沫，向他吞吞吐吐地说明了梦里的情况。

他耐着性子听完了我的叙述，有些急了，紧紧抓住我的手质问道："出了这样大的漏子，为啥你不早说呢？"

我经不住他的盘问，又说出了骑双峰骆驼的事。他更沉不住气了，竖起指头教训我说："双峰骆驼是亚洲特产，非洲都是单峰的，根本就没有你在梦里骑的那种。看来若不是梦片有毛病，就准是你的脑袋出了毛病，该修理一下才好。"

我一听要修理我的脑袋就懵了，连忙摇手说："不必啦！做梦何必那么认真，谁做梦还那么讲科学性？"

谁知，他却大不以为然，挺认真地指着印在梦片边的烫金小字说："不，这有关咱们美梦公司的声誉，也和你自己有重大关系。咱们最注意的就是科学态度，有毛病必须改正，决不能给顾客留下错误的概念。"他稍微踌躇了一下子，又感到抱歉似的申明："当然啰，如果责任不在敝公司，改梦是要收费的。"

说着，他就翻检出那张沙漠梦片，用放大镜仔细检查了画面以后宣布说："噢，金字塔的图形太小了，看不清具体的特征，输送入梦的影像有些模糊,这是公司的责任,可以免费修改。可是梦片上并没有骆驼呀,这是你灵机一动产生的效果,就该自己负责啦。请你补交五分钱,让我们帮助你,把关于骆驼的错误概念纠正过来。要不,将错就错可了不得。"

话虽是这样说,我的心里还直嘀咕:"脑袋怎么能够修理,该不会拆下来换零件吧?"柜台后面的胖老伯伯看出了我的心思,笑呵呵地说:"放心吧,修理脑袋一点也不疼,保证不会动你一根毫毛。"

"真的?"

"谁还骗你不成!"

我想,只要不疼就成,便半信半疑地交了钱。胖老伯伯转身把那张梦片带进暗室,不一会儿就改好了。我接过来一看,只见画面已经完全变了样,一座巨大的金字塔耸峙在面前,清清楚楚显示出是许多大石块一层层砌成的,根本就不能当作滑板玩。金字塔下有一群骆驼,背上都只有一个驼峰。

"你带回去试一试吧,如果有问题再来找我。咱们美梦公司对自己的产品百改不厌,直到顾客满意为止。"他笑容可掬地把我送出了店门。

修改后的梦片果然大不相同,我照例在一股风声中进入了梦境,迎面就瞧见了新添上去的那座大金字塔和一群温驯可爱的单峰骆驼。奇怪的是,远处还有几只狮子和大象。我还怀着上次梦中的那股没有消磨尽的兴奋劲儿,气喘吁吁地攀上金字塔顶,打算从另一边滑下去。可是我低头往下一看就傻了眼,只见脚下是层层叠叠又宽又高的石阶梯,这怎么滑呀?

这时,耳畔忽然传来一个熟悉的声音,仿佛是美梦公司的那位胖老伯伯贴着我的耳朵在悄悄说话:

"金字塔是古代埃及法老的陵墓,法老就是国王的意思。瞧,这些大石块都是奴隶们用滚木从很远的地方搬运来的,每块重十二吨,得费很大的劲,才能堆成这座高大的尖塔。

"请你注意,这座金字塔的底面积除以两倍的塔高,刚好等于圆周率3.14159。塔高乘上十亿,还大致相等于地球和太阳间的距离,一亿五千万公里。它设计得多么巧妙,表现出古代埃及的数学和天文学水平,像是一座会说话的古代科学的纪念碑。你说是吗?"

我使劲拭了拭眼睛,抬头瞧了瞧天上红彤彤的太阳,又看看脚下的金字塔和沙漠大地,心想:"说得对呀,古代埃及的劳动人民真了不起。"

这时,那个神秘的声音又在耳边轻轻响起了:"你不想钻进金字塔,瞧瞧埃及法老的坟墓是什么样子吗?"

听说是钻坟,我害怕了。可是又经不住那个充满了诱惑力的声音的不住呼唤,终于打动了我的心,踏着阶梯走下去,找到了一个隐秘的石门。石门关得紧紧的,我用尽了气力也没法撬开。这时我多么盼望那个神秘声音再提醒我一句,可是它也像是束手无策,竟一声不吭了。我苦苦琢磨了一会儿,搔了搔脑袋,忽然急中生智,对着石门放声大喊:

"芝麻,开门!"

想不到这句咒语真灵,喊声刚停,两扇沉重的石门就"轰隆"一声慢慢敞开了。我弯下腰朝墓里看去,只见里面黑咕隆咚的不知深浅,我心想:"要是有一支冲锋枪我就不怕了。"这个念头刚一冒,只听呼的一声,也不知从哪儿飞来一支油光乌亮的冲锋枪,端端正正地套在我的脖子上。我闭上眼睛,端起冲锋枪朝里面"哒哒、哒哒"扫了一梭子,这才壮起胆子小心翼翼地摸进去。

墓室里漆黑阴森,似乎到处都有一双双狡黠的小眼睛躲藏在暗中窥探我,脚下还磕磕绊绊的,不知横七竖八地堆着些什么东西。我想:"要是有灯就好了。"顿时,四面八方都亮起了灯光。只见墙壁上挂满了蜘蛛网和生锈的武器,地上堆满了金光灿亮的珠宝。一个头戴金冠,白胡子拖地的干瘪老头儿手扶着鲜血汩汩的肩膀,坐在珠宝堆里直哼哼,向我诉苦说:"哎哟,你的冲锋枪把我打得多痛呀!"

"你是谁?"我向他道歉以后,惊诧地问。

"我就是这座金字塔的主人,古代的埃及法老呀。"

"真对不起,让我陪你上医院去瞧瞧吧。"

谁知,他眨巴了几下眼睛,像是忽然想起了什么,自言自语地说:"不用啦! 我真糊涂,忘记自己已经死了好几千年,不应该嚷疼,也不该随便说话。"说着,他脱下头上金冠,向我很有礼貌地鞠了一个躬,便闭上眼睛躺了下去,一动也不动了。

"再见,法老。"我向他招了招手,一下子就醒了。窗外漆黑一片,夜正静悄悄,原来是一个梦。

"深更半夜的,你要上哪儿去? 为啥要和我再见? "躺在对面床上的姥姥惊醒了,感到很奇怪。

"不是姥姥,是法老。"我解释说。这一说,她反而更加糊涂了,睁大了眼睛在黑暗中打量着我,怀疑我在说梦话。我披上衣服坐起来,费了好大的劲才向她说清楚,末了建议说:"您不信,就自己试一试吧! "

"别胡闹! 我可没有腿劲爬金字塔,也不想钻坟。"姥姥听说是坟就直摇头。我再劝说,她干脆拉起被子蒙住脑袋不睬我了,仿佛生怕我会把那个怪梦硬塞进她的脑门里似的。

我想了想,忽然冒出了一个好主意,决心捉弄她一下,躺上床假装打鼾。过了一阵,估摸姥姥已经睡熟了,才踮起光脚丫蹑手蹑脚地走过去,悄悄把梦片塞在她的枕头底下。我侧着耳朵听,不一会儿就在枕下传出一阵阵闷声闷气的风声。姥姥在越刮越猛的风声里说起梦话来了:"嗬,好大的风呀! 为啥到处都是黄沙子,一棵树也没有? "过了一会儿,她又嘀咕:"骆驼背上拱起这么大一个包,怎么骑呀? "

我伏在她床前,不由笑疼了肚皮,使劲咬住床单才没有笑出声。

不多久,姥姥呼哧呼哧地直喘气,不住嘴地说:"咦,这是一个什么玩意儿,山不像山,塔不像塔,还有这么多石梯? "再一听,枕下又传出一个解释金字塔的熟悉声音。我才恍然大悟,梦片不仅有图像,还藏着录音磁带。梦前看见的图像和梦中的声音刺激了大脑里的视觉和听觉细胞,把人们一步步引进预定好的梦境里。

五分钟后,姥姥做完梦睁开眼睛,我忙不迭地打听,除了狮子、大象和

171

墓室里的冲锋枪,几乎和我梦见的情景一模一样。

第二天,我把这一切都告诉美梦公司的胖老伯伯。他点头说:"是啊,梦片的原理就是这样的。人睡着了,可还有许多脑细胞没有休息。输入一个科学的梦,又有趣,还能学到许多有用的知识。"

接着,他皱着眉头,叹了一口气说:"唉,孩子,看来你的脑袋真有些问题。狮子和大象怎么会跑到沙漠里去?再说,金字塔不是阿里巴巴和四十大盗的宝窟,法老是干瘪的木乃伊,也不会说话呀!你该参加梦授学校的学习才行。"

针对我的情况,他建议我先学生物和地理,往后再加历史和外语。到埃及去梦游,不懂阿拉伯语可不成。

梦授学校原是这么一回事,我兴高采烈地付了学费,抱了一大沓梦授教材——有趣的连续系列梦视片,欢蹦乱跳地跑回家。梦片是最形象化的课本,最有耐心的老师,一次又一次地纠正了我的许多错误概念,传授给我

许多有用的知识,在梦的旅游中,我逐渐感到阿拉伯语不够用了,同时又学了一口流利的英语和音乐般动听的西班牙语。我在梦中的各门功课的学习成绩都是优秀。有一天,我在课堂里随口说了一句阿拉伯土语,老师也懵住了。我忙用英语向他说明,他才吃惊地瞪大了眼睛说:"瞧这孩子,从哪儿学来满口的外国话。"

"这是美梦公司的礼物。"我故作神秘又很骄傲地说,尝过美梦片甜头的同学们都会心地笑了。